驱除内心浮躁 赶走心灵畏惧

淡定的人生不焦虑

主编 拾 月
编著 张玲玲

图书在版编目（CIP）数据

驱除内心浮躁 赶走心灵畏惧：淡定的人生不焦虑 / 张玲玲编著. -- 北京：现代出版社, 2015.4（2024.9重印）
ISBN 978-7-5143-3516-3

Ⅰ. ①驱… Ⅱ. ①张… Ⅲ. ①情绪－自我控制－青少年读物 Ⅳ. ①B842.6-49

中国版本图书馆 CIP 数据核字(2015)第 067831 号

驱除内心浮躁 赶走心灵畏惧：淡定的人生不焦虑

主　　编	拾　月
编　　著	张玲玲
责任编辑	王敬一
内文制作	诚美天下文化传播有限公司
出版发行	现代出版社
地　　址	北京市安定门外安华里 504 号
邮　　编	100011
电　　话	（010）64267325
传　　真	（010）64245264
邮　　箱	xiandai@cnpitc.com.cn
网　　址	www.1980xd.com
印　　刷	唐山富达印务有限公司
开　　本	700mmx1000mm　1/16
印　　张	9
版　　次	2015 年 5 月第 1 版　2024 年 9 月第 4 次印刷
书　　号	ISBN 978-7-5143-3516-3
定　　价	57.00 元

前言

青少年是社会的宝贵财富，是人类的希望和未来，正所谓“少年强则国强”。为此，大至一个国家、一个民族，小至一个家庭、一个家族，都特别重视青少年的教育问题。希望他们成为社会的中坚，家族的骄傲。一句话，就是希望他们成为成功的人。于国，能成为有用的人才；于家，能成为顶梁柱。不仅仅要学习好，还要有辨别人世间善、恶、美、丑的能力。在每个人的人生中，除了需要自身的因素之外，还需要拥有感受世界的能力。

恩师、成长，是人生成长、受业与收获，恩师给予我们知识、道理，最终收获了成长。

创意、希望，是对未来充满了信心和奋斗的勇气。

辩证、改变，是让我们学会理性而冷静地面对人生。

犹豫、内疚，是内心的一个警钟，让我们时刻保持着自信。

谦卑、焦虑，是对于生命真谛的领悟。

青春，是人最美好的一段时光，也是人格、性格定型的重要阶段，在这个时期，我们需要享受青春的快乐，同时也需要完成自我塑造。通过心理自助，最终从一个小男生、小女生逐渐成长为一个有着健全人格的人，成长为一个对社会、对家庭、对自我有着相对完整认知的人，成长为能够为自己的未来做主的人。这才是一个最充实、最有价值的青春。每个梦想都值得我们认真对待，每个青少年都是未来的希望。在青春中我们不仅要有欢乐，同时也要拥有未来！

本丛书是你化解烦恼的“心灵鸡汤”，可以给你快乐的心理自助；本丛书会让你认识到：掌控心理，方能掌控世界；改变自己，才能改变一切。本丛书还将告诉你：只有实现积极的心理自助，才能收获快乐而充实的青春。

目录

第一篇 乐观豁达，抑止焦虑的根源

第二篇 自强独立，无所顾忌地走自己的路

第三篇 自我提升，挣脱心底的枷锁

目录

第四篇 放飞心情，分享你的快乐

第五篇 释然焦虑，迎着阳光前行

第一篇

乐观豁达，抑止焦虑的根源

乐观、豁达的性格让人在任何烦恼、任何困难、任何痛苦面前都显得超然物外，举重若轻，游刃有余，云淡风轻……蓦然回首，天底下似乎没有能够让人闷闷不乐、耿耿于怀的事情，有的只是充满情趣的喜悦和溢于言表的快乐。

性格也许先天已经铸就，或许依旧秉承着父母的烙印。然而，良好的知识素养对性格潜移默化的养成势必会产生积极的影响。调适心态，完善性格，乐观豁达地面对生活，一切都是这么美好。

做好自己，不去理会杂念

故事话题

蒙克夫·基德是一位蜚声国际的印度裔美国登山专家，他创造了无氧登山吉尼斯世界纪录——征服了海拔 8611 米的世界第二高峰乔戈里峰。在不携带供氧装备的情况下，他能够轻松自如地出入海拔 6500 米以上的超高峰。

从事无氧登山运动的人很多，登上乔戈里峰是大多数人的梦想。但是，每个人在达到 6500 米的高度时，因为空气极度稀薄，都会呼吸困难，思维僵化，四肢呆滞，难以继续，有的甚至送了命。

专业无氧登山运动员都希望通过自己的力量和坚持打败乔戈里峰，但是很多人都以失败告终。所以在登山界，普遍认为单靠人的体力、精神劲头就想要征服乔戈里峰是无望之谈。

蒙克夫·基德却脱颖而出，不仅登上了乔戈里峰，还为自己摘得了一枚光彩夺目的吉尼斯奖章。颁奖仪式结束后，他被记者团团包围，还有其他同行也殷切期盼着蒙克夫·基德的指点。

他淡然一笑，语气轻松地把自己的秘籍娓娓道来。他指出，攀登 6500 米的高峰最关键的就是清除脑海中一切杂念，什么都不要想，只要记住目标在前面就可以了。

蒙克夫·基德说的没错，一定要扫清所有欲念。这些想头不仅会动摇攀登者的心志，更重要的是会增加氧气的用量，在空气都很稀少的高空，这必然会导致失败。只有摒除这些杂念，才能突破自身的身体极限，最终达到成功。

故事解析

在乔戈里峰，无氧登山者死亡率最高，而蒙克夫·基德却能够遏制住心里、脑中不断涌现的杂念，以极低的耗氧量制胜。

每个人都有自己的喜怒哀乐，也常常会陷入这些情绪而迷失自我。可是我们不能让情绪左右，甚至支配自己的生活，而是要克服情绪带来的影响，让自己成为情绪的主人。

所以，我们偶尔要停下脚步，问问自己究竟最需要什么，理出轻重缓急，扫除阴霾污垢，方能轻装行路，享受精彩人生，更快更好地向着目标进军。

成功、幸福、优越，世人趋之若鹜的美好一直都在，只是要你剔除羁绊，拨开迷雾，专注奋进，能够最大限度地发挥出积极性、主动性、创造性，每个人都必然会释放出个体更多更大的正能量，更好地成就自己。

故事穿越

一个小女孩身体瘦弱，体育成绩很差，各种体育项目她都是垫底。小女孩非常头痛，最后形成恐惧心理，很害怕上体育课。

她的妈妈知道女儿好强，就安慰她说，问题不可避免，害怕无济于事，有缺点就要克服，有一个简单的办法，你能够超过前面那一位同学就好。

这样目标非常简单，小女孩轻轻松松地完成了，她又重新找到了信心。要强好胜的她不断超越着在她前面的同学，一个学期下来，她的体育课成绩便飙升至中游程度。她对体育课也由害怕转为喜欢。

后来，她把“超过前一个”的方法同样运用到学习上，原本学习成绩就不错的她很快又有了节节的进步，班级第一、年级第一、全区第一……高考结束，小女孩被北京大学录取。2001 年毕业后，她是唯一一个被哈佛教育学院录取的中国应届生，并且享受哈佛大学全额奖学金。

她在哈佛先后拿到了硕士、博士学位，读博时当选为哈佛大学研究生总会主席，又是中国第一，改写了该职位 370 年的历史。

她叫朱成，她只是一个出身平凡的女孩，却因为摒除杂念收获了人生的成功。

故事微语

“超过前一个”，完成这个目标并非难事，而一次次地积累起来，却能够送你到达很多人难以企及的高度。

制定合适的小目标，就能够紧紧把握，能够让你集中全力实现，在这个过程中，你便抛开了其他纷纭迭出不甚相干的念想，聚精会神，全神贯注，踏踏实实地行动。

一个小的目标完成会令你信心倍增，成就感会驱使你继续追逐下一个目标，如此循环往复，螺旋上升，直到不可预知的远处。

“超过前一个”方法最根本的在于让人摆脱杂念，盯紧目标，积极行动。“千里之行，始于足下”，不要再为不可一蹴而就的妄想纠缠烦恼，直视眼前，由易处着手，去把握初步的成果，这就是成功的开始。

脚踏实地择取人生路上的一颗颗果实，品尝奋斗的甘甜，步步为营，无往不胜，在欢歌笑语中领受成功的桂冠。

心灵箴言

初生牛犊不怕虎。

——谚语

在老鹰的翅膀上拴上金块，它就不能凌空翱翔了。

——[秘鲁] 萨略

把你的精力集中到一个焦点上试试，就像透镜一样。

——[法] 法布尔

我们不得不饮食、睡眠、游玩、恋爱，也就是说，我们不得不接触生活中最甜蜜的事情，不过我们必须不屈服于这些事物。

——[法] 居里夫人

人生像攀登一座山，而找寻出路，却是一种学习的过程，我们应当在这过程中，学习稳定、冷静，学习如何从慌乱中找到生机。

——席慕蓉

镇定下来，不因焦虑而迷失方向

故事话题

古时候的一个战争年代，一个腰缠万贯的商贾决定隐归深山。他变卖了所有家产，全部换成方便携带的银票。

为了藏富，他找人特制了一把雨伞，小心翼翼地把银票都放进了伞柄里面，封好后与普通的雨伞没有区别。

商人认为万无一失了，便伪装成普通百姓，带着简单的行李上了路。然而在路上却出现了意外。

有一天，他因为太过疲倦就在路边睡着了，等他醒来后立刻发现雨伞不见了，这也就是说他奋斗了大半辈子的积蓄全都丢了。可从商多年让他练就了处变不惊的功力。他并没有太过惊慌和焦虑。先是努力寻找了一番，结果并不如他所愿，雨伞还是没有找回来。

于是他坐在地上思考着：自己身边的包裹没有丢，拿走雨伞的一定不是职业小偷，更不可能知道伞柄内有大量银票。很可能是路人顺手牵羊把伞拿去用了，如此说来，这个人是本地人。

商人想好了对策，就在这里租了房子，摆了个摊，做修伞的生意。就这样过了一年，他修理了很多伞，始终没有找到自己的那把。在这期间，他了解到一个情况。当伞太破旧，不值得修理时，大部分人就不修了，而是直接买把新的。

于是，商人挂出“免费以旧换新”的牌子，他不放过任何机会。一时间，换伞的生意十分火爆。大家一传十十传百，来换伞的人越来越多。

没多久，商人的眼前就出现了自己的伞。伞面已经破烂不堪，所幸伞柄除了污迹斑斑外完整无缺。

商人若无其事地为来者换了新伞，待他走后便收摊关门，扬长而去。

以旧换新
雨伞

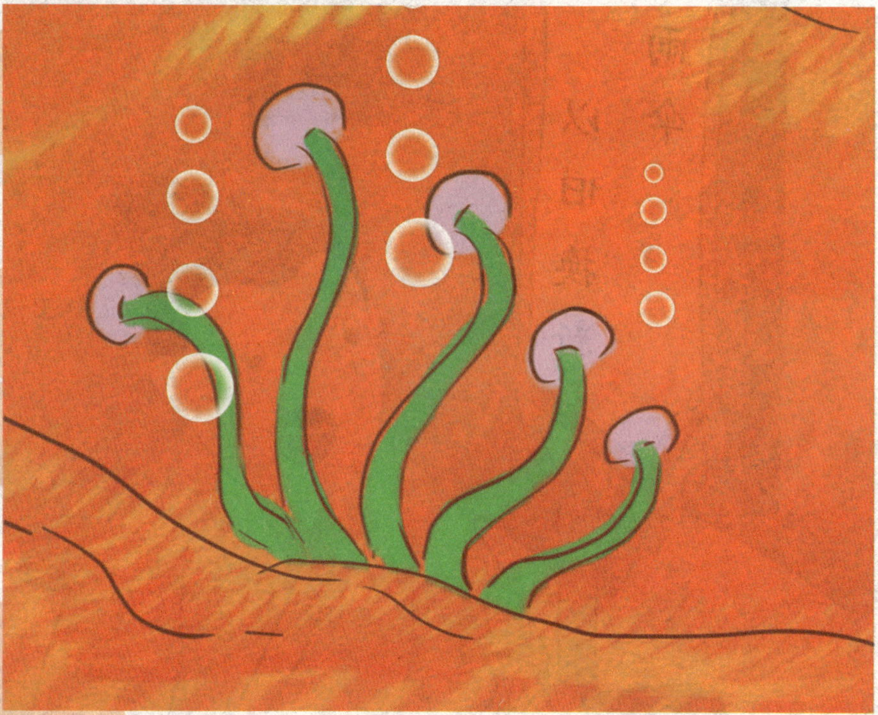

故事解析

丢失了辛苦经营的全部家产，常人往往会焦躁烦闷、愤怒咆哮，甚至一蹶不振，能够像这位商人这样镇定自若，耐下心性挽回局面的实属少数，着实教人佩服。

“不管风吹浪打，胜似闲庭信步”的境界人人向往，要实现其实并不难，只要能静心定性，冷静理智。

这位商人遇到如此灾祸还能够客观镇定分析问题，摸索到合情合理的线索，有条不紊地行动，需要具备多么强的定力。

居高望远，心怀宽广，就能淡泊大度，镇定如常。不为眼前足下斤斤计较，兵来将挡，水来土掩，宠辱不惊，临危不乱，将所有情事掌控于股掌之内，心胸之间。

生活的强者都是擅于调控自己情绪的能人，即使面临屈辱、挑衅也能平静似水，镇定自若，方寸不乱，应答自如，平息纷争。

镇定淡泊真英雄。人生难免波涛汹涌，凶险叵测，焦虑痛苦徒费心神，只有镇定冷静方能排除万难，勇达目的地。

故事穿越

英国的一位口腔科医生彼得·布朗十分敬业，他不仅技术过硬，还很喜欢钻研问题。

虽然他医术精湛，仍然逃不过患者的抱怨声。特别是做完割除扁桃体手术的那些患者，总是说手术让他们痛不欲生。彼得急人所急，一心想要解决这个问题。

后来他来到中国参观，在一个儿童医院他见证了扁桃体手术另一种截然不同的状态。

等待做手术的小朋友将近十个，他们排着队，一个个兴高采烈的。有护士走过来，在马上就要做手术的小朋友喉部喷上快速麻醉液，之后带他跨进诊室。

小朋友站到医生的桌子边上，脸上还带着微微的笑意，在医生的示意下把嘴巴张得很大。医生手法娴熟地一下就割掉了他的扁桃腺，随手丢进了水桶。那个小朋友都来不及感觉到痛，就被护士带领去了隔壁的休息观察室。

心理学家蓝泽塔曾经做过一个体现思想与感觉关系的实验。实验结果表明，如果人们以放松、自在的心态承受肌体的疼痛，他们的疼痛感会比那些心态紧张、焦虑的人低一大截。

这就是上述现象内在的心理机制，彼得从此改观了对手术的看法，他所在的诊所声誉日增。

故事微语

中国的切除扁桃体手术妙在一个“定”字，刀切肉本来是很疼的，但是中国的医务人员却将切除手术演绎得无比轻松如常。

其中的关键就是精神安定放松，不制造紧张气氛，让患者从内心接受，心无芥蒂，平平常常，自自然然，加上麻醉剂、主刀大夫娴熟的手法，轻而易举就消除了疾患。

镇定、自在、选择性地无视，能够真实地降低身体所感受到的疼痛。培养健康积极的心态，会为你带来超额的回报。

日常生活中要镇定，遭遇变故的时候更需要稳定。身陷红尘，世事纷扰，谁都难免心浮气躁。建立镇定的心境会瞬间将人世的嘈杂喧嚣虚化，施展一份从容淡定。

牢记自己是自己命运唯一的主人，不随波逐流，对于来自四面八方的声音、暗示，学会辨析利弊，慎重取舍，不为所扰，方能宁静致远。

心灵箴言

不以物喜，不以己悲。

——范仲淹

遇繁而若一，履险而若夷。

——苏辙

一切言动，都要安详；十差九错，只为慌张。

——吕得胜

狂风和海水激战的时候，只有勇敢镇定的水手抵达彼岸。

——英国谚语

莫把烦恼放心上，免得白了少年头；莫把忧伤放心上，免得未老先衰生。

——[英] 狄更斯

活在当下，学会放下

故事话题

王羲之是东晋时期著名书法家，有“书圣”之称，代表作《兰亭序》被誉为“天下第一行书”。

王羲之出自书法世家，自幼酷爱书法，勤学苦练，7 岁时已成绩斐然，12 岁时就为皇家重大礼仪活动书写牌匾。他先写在木板上，然后交给工匠雕刻出来。工匠削了很久，发现他写字的墨已经深深地浸入木板。大家都惊叹他笔道遒劲，技艺精深。他还偷偷拿出父亲王旷珍藏的经典书法理论书籍《说笔》尽心钻研，被父亲发现后他便恳求父亲准允，积极进取的劲头感动了父亲，答应了他的要求。

王羲之练习书法很执着，甚至到了走火入魔的边缘，吃饭、走路时都在琢磨、练习。没有纸笔，他就在身上画写，久而久之，衣服都破了。一次，他沉心于练字竟忘了吃饭，家人把饭送到书房，他边吃边练，等家人来收拾碗筷时发现菜都没动，而王羲之成了大花脸。原来他竟然把墨当菜吃了。

王羲之常临池书写，就池洗砚，时间长了，池水尽染，被人称为“墨池”。现在绍兴兰亭、浙江永嘉西谷山、庐山归宗寺等地都有被称为“墨池”的名胜。

东晋穆帝永和九年（公元 353 年），农历三月三日，王羲之和谢安、孙绰等 41 人在绍兴兰亭修禊（一种祓除疾病和不祥的活动）时，众人饮酒赋诗，汇诗成集，羲之即兴挥毫为此诗集作序，这便是有名的《兰亭序》。

故事解析

梦想每个人都有，然而，让梦想落地，变为真实的存在，就必须依赖行动。在落实梦想方面，人与人之间的差别就大了。

立足当下，奋而起步，马上去做，就是掌握了成功的钥匙。王羲之孩提时代就养成积极行动的好习惯，并且持之以恒，跃上人生巅峰。

想到就去做，争分夺秒，与时间赛跑，目标清晰而且有效的忙碌能够让你远离烦恼，同时拉近你与成功的距离。

生命诚可贵，而能够最大实现生命价值的方式只有积极活在当下，让每时每刻产生效益。任何沉耽于往昔、将来的思绪都是徒劳且无益的，必须投身于当下轰轰烈烈的生活进程中，你才能分得人类发展的一杯羹。

最重要的人是正陪伴在你身边的人，最重要的事即你该做的事，最重要的财富是你现在拥有的资源，你的智慧、经验、学识……你是如此富有，没有理由消沉。

“挥一挥衣袖，不带走一片云彩”，忘掉点点滴滴的不愉快，开阔视界，豁达胸怀，去发现生命每一天的美，勤奋耕耘，交出自己沉甸甸的人生答卷。

故事穿越

寺庙里的一个小和尚负责清扫院落的工作。到了秋天，院子里枝繁叶茂的几棵大树开始落叶了，每天早晨小和尚都面对满地的枯叶，叶子还时不时地飘摇而下，想要清理干净很是费力。

小和尚非常苦恼，一个师兄看到后就给他出主意："你扫地前先用结实的木棍使劲敲打树枝，振下那些快掉的叶子，这样第二天不就能少一些了吗，也不会正扫着飘落叶了。"

小和尚觉得主意很好，满心欢喜地照做了。可是第二天，他兴致勃勃地起床后发现，地上的落叶比以前更多了。他呆住了。

住持告诫他：以后不许敲打树干！树都被你打伤了，可你看落叶少了吗！反而掉得更多更快了。

小和尚终于明白，想要明天轻松自在只有今天好好努力才行！

隔了几天，小和尚跟随大师兄出门化缘，路上遇到了一条河。河水半人高，水流湍急，旁边还有一位清秀的女子也要过河，但很害怕不敢过。

大师兄思忖了一番，上前背起了姑娘，三人很快过去了。女子道谢后离去，两人继续化缘之旅。

小和尚越想越觉得不对劲，他站住不走了，质问大师兄："佛祖要我们戒色，可你却背了女人！"

大师兄一脸无辜："我早都忘了，你还背着呢啊！"

小和尚闻听此语先是一愣，继而恍然大悟，欣然开朗，高高兴兴地随师兄走了。

故事微语

前后两件事情，教小和尚明白了两个人生信条。美好的生活不能强求，今天认认真真做好应该做的所有事情，明天才能开始新的征程；只有看不开、放不下才能够导致内心的痛苦煎熬，遗忘过去，方能真真正正投入。

做事一定要专注，对过去荣誉的骄傲，耻辱的羞愧，对未来的种种忧虑，都是束缚前进脚步的绳索，顺利、及早达成目标就要剪除这些束缚。

已经取得的成绩只是对你之前努力的一个评判，不是神奇的护身符，能够保你终身无忧，沉耽于美好回忆就是放弃了当下，自甘落后。

不可确知的明天有无数种可能，如果陷入没完没了的猜测、设想，同样是忽视了现在应该付出的努力，拖延了成功的时间，浪费自己的生命。

能够把握的只有现在，立即行动起来吧，每分每秒都付诸全神贯注的努力，竭尽全力，不给后悔空间，日复一日，充实的人生如同万花筒，精彩无上限。

心灵箴言

生活的悲剧不在于人们受到多少苦，而在于人们错过了什么。

——[英] 卡莱尔

过去与未来并不是“存在”的东西，而是“存在过”和“可能存在”的东西。唯一“存在”的是现在。

——[古希腊] 库里希坡斯

人的一生，是每个当下的积分，生命的长度是一连串无穷小刹那的集合，这就是生命的实相。人应该重视当下，活在当下。没有发生的事，不必去期待；已经发生的事，如实去面对；事情发生后，总会回复成空，没有贪痴嗔，便不会陷于痛苦，不能自拔。

——蔡志忠

专心想一想当下活着的这一刻，在这一刻没有悲伤。回忆过去才有悲伤，而设想未来则引发恐惧。如果我们只活在当下，就不会有悲哀和恐惧的空间。重要的是活在当下，其余的都是我们加诸自己的负担。我们忘了好好活着，忘了当下的这一刻。反而去想过去的事物，盘算将来会发生什么，却让当下这一刻悄然流逝。这样我们不算真正地活着，只是在受苦，因为我们对明天抱持恐惧，对过去感到自责。

——[斯洛文尼亚] 雅奈兹·德尔诺夫舍克

自我调节，给失败一个心理准备

故事话题

一个蜚声国际的企业家在他 72 岁时遭逢经济危机，他几十年的血汗打拼出来的，国内第一零售集团顷刻垮塌，他沦落为普通老人。

所有人都觉得他就此一蹶不振了，面临穷困潦倒的晚年。不料，第二天老人像往常一样走出家门，步履匆匆。

没多久，一家新的互联网公司开张了，在当时互联网是新兴事物，很多人抱持观望的态度，他们了解到，公司居然是老人和一帮年轻人合伙开设的。

老人不耻下问，像小学生一样虚心地接受互联网知识。在经营运作方面，他的经验得到了极好的运用，公司很快便生意兴隆。

仅仅一年时间，老人人生的第二座事业大厦就矗立起来了。媒体争相采访他，探求其中的奥秘，可是面对记者们的长枪短炮，老人只是开心地笑了一阵就转身忙碌去了。

记者们不肯离去，一直苦等在门外。老人忙完一阵走了出来，对着记者说：“答案我已经告诉你们了。”原来奥秘就是愉快的情绪。

这位老人就是日本最早的零售业老大“八佰伴”的 CEO——和田一夫。他一直奋发图强，在这个过程中他领悟出一个道理：美好的生活就是阳光，直面生活，明亮温暖，浑身仿佛充电，劲头十足；背光而行，阴暗心伤，消极沉沦。

他决定，无论何时何地，顺境逆境，整个人生里面都坚定地选择前者。

这就是他的秘诀。

故事解析

成功人人向往，然而，仅仅把成功当作唯一目标，过于看重，积攒了全部的期待，也就是倾注了所有压力，压力重重，负担累累，很难成功。

既然没有百分百成功的事情，与其将宝全押在成功上冒险，还不如早点面对失败的可能，做出于成功同样程度的充分准备。

做好两手准备，就去除了过度的压力负担，能够更为专注地冲击目标，胜算显然是增加了。

做好失败的准备，一旦真的遭遇失败不会造成过大的打击，心态得到良好的保持，促使下一次努力的尽早启动。

向成功进发的人几十亿，然而能够如愿以偿的只是少数，那些没有功成名就的大多数人必须及时调整好心态，才能败不馁，保护昂扬的斗志不被削减。

和田一夫 72 岁时，尚能通过积极的自我调整东山再起，何况我们青春绰绰有余的众后生。锻造乐观向上的阳光心态是无往不利的尚方宝剑，只有握剑在手，才可问鼎雄峰。

无论现实如何坎坷，抱持良好的心态能够化坎坷为财富，解崎岖为机遇，触目皆光明，闻声是良语，人间处处都是良辰美景。

故事穿越

政治就是博弈，各种利益、观念、党派你争我斗，胜者为王。丘吉尔进入政坛后，有段时期因对立派的沉重打击一度消沉了下去，险些患上抑郁症。

家人都暗暗为他着急，想方设法帮助他调整。他的邻居是一位画家，丘吉尔一家都爱好文艺，所以经常去看画，是邻居家的常客。正当丘吉尔心情低落的时候，家人便提议让他去学画画，陶冶情操，舒缓紧张。

丘吉尔同意了，开始跟女画家学习。在政治领域，丘吉尔独当一面，可是面对素洁的画布，他却再三犹豫，迟迟不敢动笔。

女画家怎么劝说都没用，索性把颜料全泼到了画布上。丘吉尔一看画布被毁了，心里的种种顾虑也就消失了，便信手挥起了画笔，完成了第一个作品。

自此之后，丘吉尔放开了手脚，自在地挥舞着画笔，做了大量练习，过了一个阶段，他绘画的水平有了质的飞跃，除了家人、好友，甚至许多专业人士都做出肯定的赞许。就这样，他恢复了笑容，重拾了信心，劲头十足地继续深造。

后来，丘吉尔便又有了画家的称号，创作出许多技艺精进、风格多样的绘画作品，留名画界。健康的心态同样带动了他在政治上的表现。

经过一段休养，他成功地复返政坛。在更高的起点上，丘吉尔步步为营，最后成为影响世界的传奇人物。

故事微语

俗语说：好的开端是成功的一半，可是如果不小心开坏了头呢？其实这也是很好的人生体验，至少比不敢开始好多了。

丘吉尔因为政治上遭受的挫折，被种种负面情感围困，信心骤减，几乎就要自暴自弃。然而，一个糟糕的开始警醒了他，教他坦然面对失败，而不是逃避或无视，反而让他战胜了失败，重新收获了人生的成功。

如果已经被失败击中，更需要积极调整心态，转移注意力，从对失败的焦虑、抑郁中抬起头，去关注自己的兴趣爱好，或者出门欣赏自然风光，聆听舒缓的音乐……

你会发现心情的改弦更张很简单，很快你会抛开烦恼，找回美好的情感、快乐的心境。当你再次回首之前的失败时，就会发现它是那么愚蠢可笑。因为这个时候，你已经站在了新的高度，超越了之前的障碍。

成功不应是对失败的刻意回避，成功应该是包容失败的成功。只有能够坦然面对、以平常心看待失败时，得到的成功才是含金量十足的。

失败不是世界末日，除了成败，人生还有许多东西值得珍贵，最为难得的是拥有好的心境，这是所有美好的源泉。

心灵箴言

如果做好心理准备，一切准备都已经完成。

——[英] 莎士比亚

我想，必须做好失望的准备才能对生活有所希望。

——铁凝

任何时候做任何事，订最好的计划，尽最大的努力，做最坏的准备。

——李想

对顺境逆境都要心存感恩，让自己用一颗柔软的心包容世界。柔软的心最有力量。

——林清玄

失败也是我需要的，它和成功对我一样有价值，只有在我知道一切做不好的方法以后，我才能知道做好一件工作的方法是什么。

——[美] 爱迪生

积极面对，我们的生活充满阳光

故事话题

一个小男孩因罹患脊髓灰质炎两条腿都瘸了，牙齿外突，长短不一，十分丑陋。他自认是全世界最倒霉的人，孤僻消极，满腔怨恨。

一年春天，他的爸爸拿回来好几棵小树苗，让每个孩子栽种一棵，谁完成得最好就能得到自己最想要的礼物。

孩子们兴高采烈地忙碌去了。尽管他也想要礼物，可一想到自己的情况，就在心里认定自己一定会失败，所以也就提不起兴趣，随随便便地就栽完了树苗。

接下来的几天，他也学别人装了装样子为小树浇过几次水，之后便再不理会。

可是一个月后，他的那棵居然是成活程度最好的。好几簇嫩嫩的新叶在枝头挺立，比其他的都旺盛一些。

爸爸兑现了他最想要的礼物，还预言，根据他的表现，长大后他能做生物方面的专家。

小男孩有生以来第一次这么高兴，花一样的笑容绽放在他的脸上，他渐渐地有了信心，积极乐观起来。

他对自己的小树关照也多了，与小树一起快乐地成长。一天晚上，他想起老师说过树是在夜里生长的，就溜下床去看小树。

只见有一个人蹲在自己的小树下忙碌，原来是爸爸！男孩眼眶湿润了，他回到自己房间，很久不能平静。

从此他再不怨天怨地，积极地战胜了所有困难，具备了超人的意志。他成功竞选为总统，并且空前绝后地连任三届，他就是美国人民最爱戴的总统——富兰克林• 德拉诺•罗斯福。

故事解析

罗斯福总统的童年遭遇确实不幸，无论谁受到那样的挫折都不免心灰意冷。他的父亲以真诚的帮助让小罗斯福树立起正常人的健康心态，为他灰暗的心灵打开了一盏明灯。

这盏亮在心里的灯陪伴了罗斯福一生，指引他从不幸的残疾儿成长为接受残缺的强者，甚至登上总统高位。

生活中没有尽善尽美的事物，不要因为缺陷、问题就裹足不前，妄自菲薄，自艾自怨，不能自拔。

只有坦承缺陷、问题，积极面对，想方设法征服它们，你才是发挥了主体能动性，控制了全局，真正是自己的主人。

将缺陷、问题形成的心理障碍扫除干净，让积极主动正面向上的阳光心态照彻心扉，就会是一个温暖光明的人生。

故事穿越

拜伦是英国著名诗人，他小时候身体羸弱，而且是跛足，走路一瘸一拐的。上小学后，他是同学们嘲笑欺负的对象。

有一次学校举行足球比赛，他很喜欢足球，一场不落地观看。有个叫印斯的同学在他猝不及防的情况下把他拽入球场。拜伦屡次推托印斯都不予理会。他找到一个破篮子，硬逼拜伦放进一只脚，然后绕场一周。

看着他可笑的样子，所有人都放声大笑，拜伦无地自容，狼狈逃走了。他发现自己太软弱，力量太小。

他决心改变自己，开始坚持锻炼身体，课余时间参加游泳、拳击、足球和击剑等多种游戏，每一个动作都严格要求，争取做得漂亮。

很快学校运动会要求报名了，拜伦破天荒地一下报了两项——拳击和游泳。他的这两项练得最好。

拳击比赛，拜伦一路过关斩将杀到决赛，对手正是印斯。仇人相见，分外眼红，两人的争斗异常精彩。

大家都没把拜伦放在眼里，都站在印斯那边。但是，拜伦在先输一局之后，接连主动进攻，手法快捷有力，根本没再给印斯得分的机会，他赢得了比赛，大家都起立为他鼓掌，拜伦为自己树立起全新形象。

游泳项目拜伦也拿到了冠军，他现在确信，只要付出比别人多的汗水，定然会有更多的回报，没有什么不可扭转。

这样的信念驱使他顺利成长、成熟，做了敢于向陈腐宗教宣战的勇士，为世人留下许多优秀的诗篇，永远为人称颂。

故事微语

伟大诗人拜伦，原来小时候也是很不幸的，存在身体上的残疾。但他长大后却成为了著名的人，超过那些身体健全的同龄人。

根本的缘由就是他在小时候养成的积极面对困难心态。物极必反，因为遭受了欺辱，反而激发出超人的斗志，培养出良好的抗压能力。

一个人生活在世上，怎会不遇上一个个心坎，碰上些烦恼？遭受些痛苦？就看你如何对待，是咀嚼痛苦，放大痛苦，还是换个角度，换个心态，挑战它，战胜它。

纵观古今中外，只有那些有着积极心态，不拘于一时的人才能名留青史，享誉中外。

积极面对只是一种选择，需要勇气与毅力，会有风险。所谓风雨过后现彩虹，积极面对，克服掉困难障碍，才能领受暖阳高照、彩虹当空的美妙。

心灵箴言

不幸可能成为通向幸福的桥梁。

——日本谚语

对于不屈不挠的人来说，没有失败这回事。

——[德] 俾斯麦

斗争是掌握本领的学校，挫折是通向真理的桥梁。

——[德] 歌德

卓越的人一大优点是：在不利与艰难的遭遇里百折不挠。

——[德] 贝多芬

无论何时，不管怎样，我也绝不允许自己有一点点灰心丧气。

——[美] 爱迪生

第二篇

自强独立，无所顾忌地走自己的路

人能走多远，不问双脚，要问意志。人能攀多高，不问双手，要问志向。如果一个人失去了自强的精神，那么他已经失败了。

世界上只有两种动物能爬上金字塔——鹰和蜗牛。我们可以像蜗牛那样一步一个脚印地往上爬，有志者，事竟成。只要有自强不息的精神，风雨中依然前行。

主宰自己的命运，做自己的主人

故事话题

在比尔·盖茨成为全球首富之前，凭借电脑高科技迅速窜上富豪榜前十名的是美籍华人王安。

1986年前后，他的王安公司年收入达30亿美元，他本人以20亿美元的个人财富跻身美国十大富豪之列。

王安六岁那年，盛夏的一天，他跑出家门在外面树荫下玩，树上落下一个东西正好掉在他的头上。

王安举起两手把头上的东西拿了下来，原来是个鸟窝，一只小麻雀微弱地叫着滚到了地上。

王安蹲下去捧起了小鸟，十分爱怜这么可爱的一个小生命，他马上起身带小鸟回家，决心好好地照顾它。

一路小跑到家，他气喘吁吁地停在了门口。他猛然想起妈妈说过家里不能养小动物。王安犹豫片刻，小心翼翼把小鸟放在地面，自己跑进屋去请示妈妈。

王安对小动物的爱心打动了妈妈，她同意了孩子的请求，还说会和王安一起侍养。王安兴奋极了，急忙冲出去拿小鸟进家。

但是他在门口没看到小鸟，不远处一只大黑猫蹲在草坪上，时不时地舔舔舌头。王安有不祥的预感，但他不能相信，只不过一分钟的时间，怎么会？

他觉得是不是小鸟自己挪到哪里去了，就在附近遍地寻找。不幸的是他找到了一团带着血迹的小鸟绒毛，血迹还没干透，就是那只小鸟的。

小鸟确实是被猫吃掉了，王安非常难过，悔恨自责了好长时间。经过这件事，他记住了一个教训：自己的事情自己拿主意，并且马上付诸行动。

故事解析

王安失去了心爱的小鸟，得到了一个关于人生的道理。他以后的成功就是他信奉的这些正确的人生信条指引的结果。

自己是自己命运的唯一主人，对谁来说均是如此。特别是在遇到麻烦六神无主的时刻，更要找到自己，做出自己的决定。全听全信他人是极大的冒险。

自立是成熟的标志，实力的体现，不再依附于任何人，悦纳自己，有自己的意愿、追求，唯如此，才是社会平等的一分子，能够与其他独立的人平起平坐，拥有自己生而为人的尊严。

自立自强，自己的事自己负责，不依赖，不推脱。总是抱怨不如别人，不如沉静下来专心奋斗，抱怨、焦虑无济于事，反而拖累你进取的脚步。

人人生而平等，没有人能够替代你，大家都在努力，脚踏实地，依靠自己，尽力而为，然后无怨无悔。

故事穿越

美国著名的法官之一艾文班·库伯，童年时代是个总受欺负的孩子。

他的家处于密苏里州圣约瑟夫城贫民区，由于家境贫寒，他经常出去捡煤块。小小的库伯为此深感羞辱，他总是偷偷摸摸的，不愿让人知道。

但是大家都住在附近，他的同学们很快就发现了这件事。有几个坏孩子还专门躲在他捡煤块的地方吓唬他、向他投掷石头，然后看着他狼狈的样子开怀大笑。

那些调皮的孩子还会打翻库伯的小桶，把他辛辛苦苦捡来的煤块踩碎踢飞，然后一哄而散。库伯每次只能等他们都跑远了，流着眼泪重新把桶装满，带着泪痕回家。

后来，库伯读了一本讲述自立自强成功的书，深受鼓舞。书里的主人公和他的遭遇十分相像，他对自己建立了信心。

再面对欺负时，库伯本能地想逃跑，但他头脑里浮现出那本书，就决心自己战胜困难，也成为一个勇敢的人。

那帮男孩又跑来夺他的煤桶，库伯一闪身，他们扑了个空，都打了个趔趄，差点摔倒。反应过来后，他们一起朝库伯冲了过来。

库伯鼓起百般勇气，与他们奋力厮打，他忙乱中打中了一个孩子的鼻梁，血流了下来。他们都呆住了，那几个孩子吓跑了。

库伯终于从先前的阴影里走了出来，用自己的力量赢得尊严，摆脱了受欺负的境遇。他带着自立自强的良好修养，努力奋斗，成为人人尊敬的法官。

故事微语

依靠自己，顶天立地，是无上的光荣。即使处身卑微，家境贫困，也不能否定自己奋斗的价值。

外在表象的迷惑常常让人做出错误的判断，很多人把物质资产的大小看成自己身价的标示，穷困的人便自卑气短，仿佛低人一等。

人真正的价值体现在内在的精神劲头，富贵安逸也罢，困顿耻辱也罢，能够“不以物喜，不以己悲”，始终秉承人类优良的个性品质，时不我待地自强不息，坚持到底，就是一个佼佼者。

库伯最初也受困于贫困的家境，但他及时地看到一个成功者的先例，让他敢于突破物质的困顿，自强不息，最终为民众缔造了一个出色的法官。

越是艰难，反而凸显你奋斗价值的高昂，越为人所崇敬。外在的物质都是自身价值大小的体现，不是决定你的社会地位的砝码，人的价值地位全由自己的奋斗锻造出来，自己的位置分量只能由自己的努力、付出大小来决定。

心灵箴言

我要做我自己的主人。

——[德] 歌德

心灵是其自身命运的主宰。

——[德] 歌德

自己的命运应由自己创造。

——[俄] 契诃夫

你的命运藏在你自己的胸里。

——[德] 席勒

人就是人，是他命运的主人。

——[英] 丁尼生

我敢做……我是自己的主人。

——[丹麦] 吉勒鲁普

要知道，能在困境中保持自强是多么令人崇敬啊！

——[美] 朗费罗

改变不了的事情，可以改变心态

故事话题

弗洛姆是一位颇负盛名的心理学专家。为了形象生动地教学生明白心态心理的重要度，他曾经做了一个经典的实验。

六个参与者在他的引领下很快穿过了一个黑暗的房间，然后弗洛姆带大家返回房间，打开灯。灯光昏暗，即便如此，参与者们还是发现房间中间的地方是一个方池，里面密密麻麻蠕动着无数条蛇。

方池正中间的上方架着一座独木桥，就是刚才他们走过的路。参与者们吓坏了，弗洛姆问：现在谁敢再过一次桥？

大家畏畏缩缩，左顾右盼。只有两名参与者答应试试。第一个颤抖着脚步，哆里哆嗦，四米长的桥走了足足一个半小时。

第二名勉强上去后磨磨蹭蹭了不到一米，又后悔了，跑了下来。这时，弗洛姆又打开了几盏灯，房间明亮似雪。

原来，方池表面覆盖着一层细丝网，网眼很小，池子里的蛇不可能跑出来。“还有人愿意过桥试试吗？”弗洛姆高声说。

没有人响应。“为什么没人敢过呢？”弗洛姆设问。

“网结实吗？”有人嗫嚅地说。

“我现在说结实，没问题，你会信吗？”

大家都安静了。

弗洛姆总结：其实这座桥很容易通过，但因为下面的蛇让你们心生恐惧，使得过桥变得很艰难。像一开始那样，什么都不担心，反而轻易就过去了。有了心理上的负担，勇士就消失了。

这就是心理作用的结果。

故事解析

心态能够在很大程度上决定一个人的行为表现，不可小觑。

内心无所畏惧，就能勇往直前，摘取心仪的果实；内心忧虑重重，就会畏手畏脚，一事无成。主动修养健康积极的心态，为成功的求取之路清扫心理障碍。

对于遭受到的挫折、失败，每个人难免悲痛伤怀，意志消沉，但是过去的就已经定格，悔青心肠非但不能有所改变，更会心焦力瘁，毁伤元气。

既然悲伤只是一种情绪，我们就要有信心扭转、更改自己的心绪，方法总比问题多，可以去做让自己高兴放松的事，不需太久，心情就会平复。

拥有良好的心态才会有清晰的思维，昂扬专注的斗志，就像刚刚长大的小马，跃跃欲试，迫不及待，志在必得。

总是有好的心态，自强不息，人生就会永远靓丽多姿，甘之如饴，教人艳羡。

故事穿越

第一位全球首富美国曾经的石油大王洛克菲勒成功之后，很多人仇恨他，如竞争者、失业者。他的画像被吊在树枝上，收到辱骂、恐吓的信件更是数不胜数。

为了消除不安和恐惧，他雇用了很多私人保镖，寸步不离地跟随着他。同时，他尝试无视这些反对的事件，然后不无嘲讽得意地放言：随便你们怎么打击、谩骂，我不会为之动摇。

但是没有多久，他便撑不下去了，巨大的压力让他身心俱疲，健康状态也开始崩溃。医生告诉他必须在伴随着焦虑的财富和性命，即死亡和退休之间做出抉择。

洛克菲勒选择了后者——退休。从对名利的追逐中解脱出来，学习全新的休闲生活。打球、修剪自家草坪、闲聊，在内心，他进行着反思、筹划。

钱乃身外之物，他开始了慈善事业。可是，对于他这样以财富著称的人来说，想要让人接受捐助还真不是件容易的事。捐助教会时，所有的神父都怒斥丑恶的金钱！

但他坚持下来，不断进行捐献。他捐资一个濒临关闭的学院，成为现在响当当的芝加哥大学；医学专家宣称，每个人服用五角钱的药就能根除十二指肠虫病，他毫不犹豫地给予实现，并成立了专门的基金会。

这些发自内心、不遗余力的慈善举动改变了他在人们心目中的形象，他转而成为人们赞扬歌颂的榜样，甚至有人对他感激涕零。

而洛克菲勒本人呢？他的生活变得幸福愉快，之前的疾病也悄然退却，他一直活到98岁。

故事微语

当洛克菲勒不再沉迷于对财富的执着时，他意识到财富不是终极目标，为社会做出自己的贡献，奉献于他人，才是价值真正的体现。

他做到了，因为心态的转变，彻底消除了之前饱受煎熬的痛苦焦虑，伟岸的形象也刻画在人们心中，留在人类发展史册上。

成功不是外在的那些，而是一个人价值能量的超常施展。能够释放出的正能量越多，超过大多数人，即使你物质上并不富有，你也是成功者。

能够勇敢克服焦虑，擅于调节情绪，葆有健康向上的心态，就是精神上的胜者，就能够发散正能量，就已经是成功者。

永远具备良好的心态，战胜种种消极负面情感，就是很大的自强，然而不是终点，只是可以助力行动，使行动更及时高效，去完成乃至超越你的梦想。

心灵箴言

差不多任何一种处境——无论是好是坏——都受到我们对待处境的态度的影响。

——[古罗马] 西尼加

我可以拿走人的任何东西，但有一样东西不行，这就是在特定环境下选择自己的生活态度的自由。

——[德] 弗兰克

心态若改变，态度跟着改变；态度改变，习惯跟着改变；习惯改变，性格跟着改变；性格改变，人生就跟着改变。

——[美] 马斯洛

态度决定成败，无论情况好坏，都要抱着积极的态度，莫让沮丧取代热心。生命可以价值极高，也可以一无是处，随你怎么去选择。

——[威尔士] 吉格斯

树立阳光的心态，精彩每个瞬间

故事话题

一个小伙子特别热衷于选秀竞赛，可是成绩并不出色，但是他坚持不懈，能够参与就很满足了。每次被淘汰，他都是面带笑容，心平气和，拥抱、鼓励晋级成功的选手，高高兴兴地下台。

一次，他出局后刚刚回到家，就接到主办方的电话。对方说明天赞助商某唱片公司要面试前 15 名的选手，建议他来看看。小伙子并未进入 15 强，但想到能够增加一次表现的机会，又能在梦想的舞台上唱歌了。

第二天，他早早赶到面试地点，看到 15 强选手个个光鲜靓丽，心高气傲，俨然明星派头，他不免有些后悔了。

他只是穿着普通的休闲服，头发凌乱，看起来很寒酸。但小伙子慢慢镇静下来，想要上台高歌的念头压倒了一切。他神情自若地向 PK 掉自己的人问好，无论对方多么不耐烦。

面试官询问他对比赛结果的想法，小伙子张口说道：我心中自己是最棒的，第一名。

“你根本没进 15 强，还敢来面试?!”

“我就是想唱歌。”小伙子没有辩解说是接到通知来的，说完话他竟然哼唱起来。那是他的自选曲目。唱完，他开心地笑了。

面试官们也都笑了，最后他成为这家公司的签约歌手。重金打造后，他一举成为光芒四射的新偶像。

那次面试的依据是参与者所有的举止言谈，徒有其表、嗓音优质并不是全部要求，阳光心态、真正热爱歌唱的人才是最佳人选，潘玮柏就是这样的人，所以他成功了。

故事解析

当今青少年的一位偶像明星，他的成功也是充满坎坷。但心态阳光，又酷爱音乐唱歌却成为他的必胜法宝。经受了那么多的失败，在他看来却都是美妙的经验，他乐此不疲。

阳光心态对于青少年的健康成长尤为重要，这也是潘玮柏被选中的原因。拥有积极、乐观、执着、进取等所有阳光心态，面对烦恼、忧愁时才能不轻易被击垮，不会受到太大的影响，能够更好尽快地予以解决，尽早恢复正常，继续进取的脚步。

拥有诸多阳光心态的潘玮柏作为偶像，可以向更多的人传播正能量，惠及他人；他本人也因此点亮了自己人生的每个瞬间，绽放出夺目的光芒。

科学研究证明：心态好的人最能发挥潜力；快乐、自信、成功是一个良性循环。从成功里能够得到自信和快乐，从自信里能够得到快乐和成功，从快乐里能够得到成功和自信。

阳光心态，明媚人生。

故事穿越

美国第 34 任总统是陆军五星上将艾森豪威尔，他为人所知的许多个人标签中，其中有一条便是出身贫穷。

尽管他的父母非常贫穷，却都是品德高尚的人，尽管身无长物，仍然乐观勤奋。

一个周末，妈妈从厨房拿出一个红通通的大苹果，高声宣布：孩子们，都过来！今天我们有一个重大的任务，修剪草坪，每个人都有份，做得最快最好的就能得到这个苹果。

听到妈妈的话，看着那个诱人的大苹果，艾森豪威尔浑身充满力气。他一定要得到这个大苹果！

艾森豪威尔第一个冲出去，找到自己负责的草坪干了起来。他不断咔嚓咔嚓地运动着剪刀，很快就把草坪剪得平平整整。

他又拿来扫把、撮箕，耐心细致地清扫了剪下的叶子，然后他为草坪均匀地洒了水。他结束工作之后，草坪简直是焕然一新，而且其他人都还没有结束。

艾森豪威尔吃到了香脆的苹果，自己的劳动成果真是甘甜啊。

晚上大家吃晚餐时，妈妈表扬了艾森豪威尔，告诉孩子们，即使是一个苹果，也要靠自己的努力换取，付出就会有回报。英雄不问出处，虽然我们家境不如别人，但通过努力获得成就的权力是相同的，没有人能阻拦你们。关键在于自己有过人的努力。

妈妈的话仿佛太阳，照亮了艾森豪威尔的内心，他牢记心头，时时鞭策自己积极努力，开创自己不同寻常的人生。

故事微语

英雄不问出处。艾森豪威尔出身寒门，但不等于他就比富贵子弟卑贱。无论出身如何，每个人通过自己的奋斗获得成功的权力是相同的，外在资源的多寡只能影响到成功的难易程度。

罗斯福以其贫困的出身，做了美国总统，需要克服的困难大到出乎想象，是付出超过其他人无数倍的努力换取的。

贫困不能构成自卑、不进取的理由，失败、落后的原因只能因为你不够自强，不能怨天尤人，推脱责任。

外在的一切只是次要的，主观的心态举足轻重，无需再彷徨，勿可再犹豫，积极摆正心态，投身自强奋斗大军，享受并创造我们缤纷多彩的生活。

如果想改变低沉的状态，应从改变自己开始，首要的便是改变心态。改变心态如此重要却又如此简单。

自立自强，积极行动，营造阳光心态，生活便到处是光明温暖，人生行程就会轻松自在。

心灵箴言

生活，就应当努力使之美好起来。

——[俄] 托尔斯泰

我相信过，如果怀着愉快的心情谈起悲伤的事情，悲伤就会烟消云散。

——[苏联] 高尔基

体育和运动可以增进人体的健康和人的乐观情绪，而乐观情绪却是长寿的一项必要条件。

——[苏联] 勒柏辛斯卡娅

当生活像一首歌那样轻快流畅时，笑颜常开乃易事；而在一切事都不妙时仍能微笑的人，是真正的乐观。

——[美] 威尔科克斯

人生的道路都是由心来描绘的。所以，无论自己处于多么严酷的境遇之中，心头都不应为悲观的思想所萦绕。

——[日] 稻盛和夫

与其靠别人的帮助，不如靠自己去发奋

故事话题

某跨国集团总部新招聘了一位员工：马丁。他名牌大学毕业，技术过硬，待人随和，勤奋努力，没多久就升职为部门经理。

为了更好地开展工作，他与下属积极联络情感，收集到不少员工心声、意见和建议，促使业绩明显提高。

但好景不长，他发现自己下发的文件没有人真正重视，在最初的赞同之后便石沉大海，见不到实质执行。

自己悉心经营人际关系，怎么得到这样的结果？马丁感到极度茫然困惑。他加强了自己的笼络方针，很多很好的政策还是被不断消解，他束手无策了。

眼看业绩受到影响，马丁主动找到了总经理。总经理拿出一块旧怀表。

这块怀表走得很准，总经理一直用着。但后来，表一下就停了，不走了。他发现后急忙找人对时间。

上班时间，大家都在，但是每个人报出的时间居然是不一样的，最大差距达到一刻钟！准确时间究竟是多少？大家各执一词，竟然无法确定。

这么一个简单的问题都没有解决，总经理下班回到家后对着电视才调好时间。每个人都有自己的手表，但并不是越多越好，只有照看好自己的手表，你才有正确的时间。

马丁幡然醒悟，他的问题就出在过于仰仗他人，却丢掉了自己，以至没有头绪，或说千头万绪，各自为政，一盘散沙。

找到问题症结所在，马丁调整了自己的工作方法，很快他的团队重新凝聚了起来，任务清晰，责任分明，业绩显著。

总经理

故事解析

独立自强是为人之基，是能够完成自己的意愿、目标、职责的前提。

马丁过分强调人际关系的融洽，已经干扰到自己独立思考的空间，遇到了有令难行的尴尬局面，工作陷入被动。

为人处世应当注重营建良好的人际关系，但绝不能突破独立自强的底线，被人牵着鼻子走。失去独立自主，不要说目标追求，自己的身家性命都会掉入不确定不安全的深渊。

独立自强应该是永远的主旋律，只有独立，才可能从自己的实际出发，去判断、分析问题，得出的结论也才是适用对症的；只有以自强为主，自尊的腰板才能挺直，问心无愧，踏踏实实享用努力的成果。

过度依赖别人，自己的发展不会顺畅，处处时时受人牵制，无端派生出诸多苦恼，产生不利的影响。

能够独立自强才有资格在社会上自在游走，才会拥有自尊，才是一个成熟、能够承担责任的人。独立自强，把握自己的生活，坦坦荡荡，踏踏实实，彰显出唯一的自己。

故事穿越

20世纪的一天，一群难民来到美国加利福尼亚州南部的沃尔逊小镇。这些难民体质虚弱，气色很差。沃尔逊人热情好客，平等待人，很多家庭烹制菜肴，救援难民。

端起香味扑鼻的饭碗，难民们争先恐后地吃起来。但有一个年轻人面对饭菜不为所动，他也是脸面枯萎，骨瘦如柴。为他送饭的沃尔逊镇长——杰克逊大叔很吃惊，以为他有什么困难，便冲他说：“孩子，哪里不舒服吗？”

“没有，先生。我们吃了您那么多，应该为您做些什么才是。”

“哦，这样啊，孩子。你太客气了。你们是逃难来的，援助你们是我们的本分，不用回报。快吃吧。”

“不，先生。不为您付出，我难以下咽。请您不必推辞，我一定得为您做点事情。”

“那这样吧，你先吃饭，吃完饭我给你安排活。呵呵，活多着呢，怕你干不了呢。”

“不，先生，我是说先干活，干完活我才吃得下。”

“真是难得的才俊啊，那好吧，我就不客气了。我的背总是酸痛，总需要人给捶，你愿意吗？”

年轻人立即卷起袖子，准备为老人捶背。杰克逊大叔只好坐了下去，让他捶背。大约五分钟之后，老人赞许地说：“够了，年轻人，我的背现在感觉好多了，又够我忙碌好一阵的了。你吃饭吧。”

年轻人这才开始吃饭，吃得津津有味。他就是哈默，美国第一个大学生百万富翁、后来荣膺“世界公民”称号的阿曼德·哈默。

故事微语

古今中外，成就大事之人首先都是独立自主的，其次他们自强不息，做出巨大的付出，才取得了非凡的成就。

阿曼德·哈默就是其中的典型，他自强到不为别人做些什么就无法享用人家食物的地步。同样是难民，其他人都把援助看得理所当然，只有他一个人无法下咽，日后能够收获成功的就是他这样自强力超大的人。

不随便接受无偿援助不单是自强、自尊的表现，更显示了对援助的认真郑重。因为珍重，所以不轻易享用；因为珍重，就希望用自己的付出作为交换。

接受帮助很简单，拿着就是了，但同样会给人带去焦虑，拿人手短，接受援助就意味着主权的弱化，没有特别的情况，还是要靠自己独立自主，坚持不懈的奋斗方为根本。

心灵箴言

人在独自一人时最坚强。

——[日] 吉田弦二郎

有勇气做真正的自己，单独屹立，不要想做别人。

——[美] 林语堂

天行健，君子以自强不息；地势坤，君子以厚德载物。

——《周易》

一个人既要有雄心壮志，又不能自高自大目中无人，自立自强是生活的基本原则。

——[美] 艾森豪威尔

只要你一息尚存，就不要让任何人牵着你的鼻子走。凡事自己做主。不让任何事情玷污自己的名誉。要坚持到生命的最后一息。

——《圣经后典·便西拉智训》

我愿独立自主和照自己的意思过生活。凡是我自己需要的，我欣然接受；我不需要的，我就决不希求。

——[俄] 车尔尼雪夫斯基

我常听见有些家长说，他们的工作是为了给孩子们留下很多的钱。真不知道他们是否意识到，这样做正好是把这些孩子生活中的冒险精神一笔勾销了。因为给子女们留下的钱越多，孩子们就越软弱无能。我们给子女最好的遗产就是放手让他自奔前程，完全依靠他自己的两条腿走自己的路。

——[美] 邓肯

用执着的姿态，换取成功的辉煌

故事话题

毕加索是西班牙画家、雕塑家，现代艺术的创始人。他还未出生时，父亲对画画的痴迷就融进了他的血液。他开始学的第一句话“毕斯，毕斯”就是在要一支铅笔。只要有一支铅笔一张纸，他可以坐上几个钟头。他是推着奥力贝特牌饼干箱离开摇篮的，爱看饼干箱上刻着的简单几何形体。

他最喜欢和伙伴们一起到马尔赛德广场去玩，那里有很多鸽子，还有大片的沙坑，小毕加索用树枝和手指在上面尽情挥舞。

他经常去父亲工作的美术馆，那里有一间专门供父亲使用的画室。父亲唐霍塞给儿子最深的印象是他的画中经常出现鸽子。这说明毕加索从小就很喜欢鸽子，这种鸟儿伴随着他的成长、成熟和成名，是他画品与人格的象征。

毕加索 8 岁时的第一幅油画《马背上的斗牛士》，清晰明快的画面根本不像是毛孩子的拙作。第二年他又画了一幅飞舞着群鸽的斗牛场，线条协调，笔法老到。

唐霍塞忙于教学工作，把与亲人联系的任务交给了毕加索。毕加索讨厌写信，他不定期寄出自己编辑、插图的画报，图文并茂，还有刊头。一张画报上男人女人挤在一块，雨伞和裙子飞舞不止，空白处写道：“狂风骤起，不将拉科鲁那刮上云天决不罢休。”“图画日记”是他保留一生的习惯。

毕加索沉浸在画画的快乐里，非常勤奋，妹妹洛拉调侃他说：“我们家可以开一个‘毕加索画店’了。”

故事解析

毕加索因精湛的技艺与先进的思考开创立体主义现代画风，大名突破绘画领域，为全世界人所崇敬，皆源于他对绘画艺术的执着。认定绘画，一生追求，精益求精，体现出超强的毅力与信心。

执着就是专注地坚持，是独立自强的表现。执着起来，可以不去计较利弊得失，而只是紧紧抓住最要紧的任务坚持不懈地去完成。

执着也是认真，一丝不苟，利利索索，高效快速，不推脱，不偷懒，尽十分力量努力而为，如此必然就朝着成功迈进了。

做事执着，能够避免很多形成干扰的麻烦，让任务、目标的完成立竿见影，不远处就是成功的辉煌。

故事穿越

法国核物理学家约里奥成长的家庭不讲究学习，但他却很爱看书，特别对自然科学兴趣浓厚。他自己偷偷地在家里的卫生间做实验，经常惹祸，摔坏洗脸的瓷盆，砸烂地板砖，为此，他没少挨骂。

家人认为他顽皮乖戾，其实他们并不真正了解约里奥的想法。约里奥是伟大的科学家巴斯德和居里夫妇的粉丝，他誓要从事与他们一样的工作。

他熟读偶像的传记及其他任何消息，模仿他们的言行举止，在卫生间的墙上还贴有居里夫妇工作的巨幅图画。

1918 年，约里奥考取居里夫妇曾经所在的巴黎理化专科学校，就是在这里，他们成功解析出镭元素。在校期间，他门门功课都是第一名，遥遥领先。

一战爆发后，他应招入伍，保家卫国，战争结束后他回到巴黎理化专科学校工作，同时在郎之万教授门下学习深造。他兴趣不改，仍然热衷理化实验，申请进入教授的实验室工作。

郎之万教授看他没有高等学府的学习经历，拒绝了，约里奥执着恳求，积极表现，打动了教授，破例接受了他。

1930 年他提出关于放射性元素电化学性质的博士论文，获博士学位。1935 年，因为合成新放射性核素，他与妻子共同荣获诺贝尔化学奖，这是诺贝尔奖最重头的项目。1943 年他当选为法国科学院院士。1950 年任世界保卫和平委员会主席。

故事微语

约里奥粉丝般的执着让他实现了继承居里夫妇和其他物理、化学领域前辈衣钵的宏愿。他不被家人理解，仅仅是一个人的自强奋斗，为自己开启了专业学习的大门。

能够从一个缺失学习传统的家庭走出来做学者，这本身就是多么崇高的自尊自强，需要多么顽强的意志力。

就是有这样执着的精神，优秀的秉性，约里奥充满自信，一步步享受着成功的快乐。坚持就是胜利，在他这里得到最好的验证。

现实生活中的干扰数不胜数，想要做成任何事都需要具有足够的勇气、毅力才可能如愿实施，稍有犹疑，就有半途而废的可能。

积极行事，尽早磨炼意志力，获取丰富的经验，才能早些受益，尽早成功。

心灵箴言

穷且益坚，不坠青云之志。

——王勃

成大事不在于力量的大小，而在于能坚持多久。

——[美] 约翰逊

执着追求并从中得到最大快乐的人，才是成功者。

——[法] 梭罗

只要持续地努力，不懈地奋斗，就没有征服不了的东西。

——[古罗马] 塞内加

既然我已经踏上这条道路，那么，任何东西都不应妨碍我沿着这条路走下去。

——[德] 康德

第三篇

自我提升，挣脱心底的枷锁

很多成功人士都有一个共同的体会：要想有所作为，就必须提升自我管理能力。纵观古今中外，凡大成者，绝不仅仅是被别人管理或管理别人中获得成功的，无不是通过严格的自我管理才获得大成和圆满的。只有学会了自我管理，才会把自己造就成一个能够持续成功的人。

不要怀疑，相信自己的直觉

故事话题

苹果电脑创始人乔布斯的大学是在里德学院念的，但他只待了六个月就休学了。他当时选择的学校学费高昂，与名校史丹佛比肩。他的养父母都是普通的工人，为了交学费，他们拿出了所有积蓄，这让乔布斯十分不安。

他那时还很迷茫，不知道自己会干什么，也没有发现读大学的好处，整整六个月，他都没找到价值何在。

他信奉船到桥头自然直，尽管他顶着巨大的压力。但他后来的发展证明他的决定是多么英明。休学后的他可以去听自己感兴趣的课，兴致盎然，争分夺秒。

与此同时，他的生活状况进入低谷。没有宿舍，睡在朋友家的地板上；捡拾饮料罐换钱吃饭；每个周日的晚上跑到一个印度教的神庙吃“好料”，即免费饭。

乔布斯所做的就是紧紧追随自己的直觉，他依靠感觉去积极尽力行事，而这些努力都没有白费，最后汇聚成他的成功。

比如书法，里德学院的书法指导很知名，校园里的每一张海报都是美丽的书法作品，乔布斯认真地学了，学会字间距的艺术处理等很多属于文艺、历史的东西，科学不可能涵盖的。

十年之后，他从事电脑设计工作时，当时所学派上了用场。他设计做出的电脑比其他的都独特，能够显示美妙、富于变化的字体、版面。

乔布斯说，紧紧抓住自己的感觉，学到的点滴碎片在将来会有神奇的交汇，在这个交汇处，就是你的创新，只属于你的唯一。

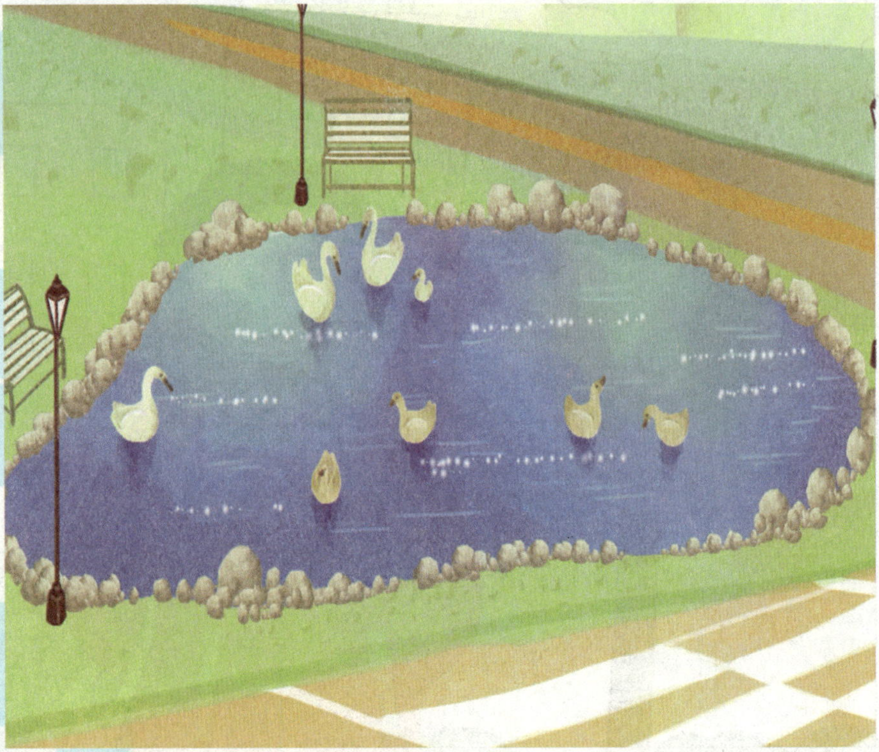

故事解析

直觉都是依赖于一个人的学识、经验形成，不是凭空产生的，在一定程度上是合情合理，有凭据的，具有相当的可信度。理性的分析、推理更为可靠，能够同时参考两个层面的认知是更为妥善的做法。

乔布斯是私生子，特殊的经历塑造了他不同于普通人的内心。他能够灵敏地抓住直觉，并遵照执行。

他不断地跟着感觉走，最终这些认知在某个时刻某一点上交汇，令他创造出全新的唯一的成果。

他相信直觉的行事方法就是他挣脱内心特殊枷锁的做法，他这样一路走下来，走上了他的专属高地。

每个人从小就不断吸收，形成各自的认知，当麻烦来临时，不防静下心来找寻自己最初的直觉，很可能那就是最佳方案。

陷身焦虑时，不要慌乱，抓住最初的直觉，合理评判，谨慎行动，就能渡过难关，进入柳暗花明的开阔境地。

故事穿越

著名作家茅盾孩提时代就对文学表现出了浓厚兴趣并且天赋非凡。

小学期间，他特别爱看旧式小说。家里堆破烂的小屋不知谁在那里放了一箱线装书，里面有很多类似《七侠五义》《西游记》之类的古体小说。

茅盾发现后一有空就偷偷跑去看，如醉如痴，爱不释手。他的父亲希望他以后学工科，做工程师，对这些旧小说没有好感，不准孩子们看。但父亲思想开明，没有去禁止茅盾，反而认为学问之间触类旁通，看了也有增益。他还给茅盾拿来一本《后西游记》。

9 岁时，茅盾在舅舅家找到了《野叟曝言》，只花了三天半时间就读完了。这是清代的一部通俗小说，共一百五十四回，约一百万字，曾自称“天下第一奇书”。茅盾的舅舅很吃惊，从此对他刮目相看。

广泛的阅读，不仅提高了茅盾的文学素养，而且也在无形中培养了他的写作能力。在小学里，茅盾的各门功课都名列前茅，每次考试他总能得到奖品。特别是他的作文更是出名。

有一年，茅盾遇上了童年会考，他参加了这次隆重的考试。会考的作文题是《论富国强兵之道》，茅盾很快就写了一篇四百多字的议论文，文章的最后一句是“大丈夫当以天下为己任”。

主持会考的老师对茅盾的文章大加称赞，并在最后一句上加了密圈，写了如下评语：“十二岁小儿，能作此语，莫谓祖国无人也。”

茅盾以后果然成为著名文学家。

故事微语

心灵是自己做主的地方，可是人心很容易被种种烦恼所捆绑，形成心中的枷锁。抓住自己的感觉最重要，是我们不迷失自己的起点。

茅盾从小就抓住自己内心的感觉，偏好文学，并且也具有相当的天分，幸运地没有受到阻挠，一路顺利坚持下来，成为著名作家。

要做事，先要有主心骨。如果已经被复杂的事务纠缠不清，不明确自己的主见，就无法付诸行动，自己的发展就流于停滞。

一定有珍视自己的真情实感，那是能够解决自己问题的最宝贵思想。要牢牢把握，加以适度的理性分析、判断，得出的办法才是最适合自己的。

道听途说、他山之石也各自有其价值，但立场不同，也需要细细甄选，慎重选用。

让心灵复归宁静，聆听内心的声音，远离各种外部的干扰，净化自己的内心，就是提升了自己的定力，是成功摆脱焦虑状态的必修内功。

心灵箴言

我总觉得，生命本身应该有一种意义，我们绝不是白白来一场的。

——席慕蓉

人是生而自由的，但却无往不在枷锁之中。自以为是其他一切的主人的人，反而比其他一切更是奴隶。

——[法] 卢梭

拿破仑拥有一般人所追求的一切——荣耀、权力、财富……可是他却对圣海莲娜说：“我这一生从来没有过一天快乐的日子。”而海伦·凯勒——又瞎、又聋、又哑……却表示：“我发现生命是这样的美好。

——[美] 卡耐基

即刻行动，将拖延从个性中除掉

故事话题

我国文化长河中的第一部编年体通史《资治通鉴》，主持编纂工作的是北宋政治家、史学家、文学家司马光。他的刻苦勤奋是出名的，自诩“日力不足，继之以夜”。

童年时期，他在私塾读书，自觉智慧有限，记忆力也不强，就总是下苦功夫。他背书的时间是别人的好几倍。

老师讲完之后，同学们都出去休息、玩耍，唯独司马光坚守座位，开始朗读、背诵，有时还关上门窗。每一次的授课内容他都能背得滚瓜烂熟，张口即来。

他很爱惜时间，空闲时刻，碎片时段，他都紧抓不放。骑马赶路，卧床难眠，他都会反刍所学，片刻不教溜走。

长久的坚持提高了记忆力，学习成绩也名列前茅。因为用功太深，他这个时期记住的内容甚至保留到了晚年。

他养成了勤奋学习的习惯，受益终生，为著书立说奠定了良好的基础。他专心于学习、著述，达到忘记寒暑、饥渴的地步。

他的住所十分简洁，除了大量的书本之外，只有一张硬板床、一条棉布被子、一个圆木枕头。圆木枕头是他的专项发明。

枕这样的枕头是很不稳定的，在睡梦中稍有翻动，枕头就会滚开，睡眠者的头部会落在床板上，将之惊醒。

司马光一旦惊醒，立即披衣下床，点灯读书。这个枕头为司马光抓住不少时光，他专门为它取名为警枕。

就是连续不断的努力，让司马光做出超常的成就，成为人们的楷模。

故事解析

人生中的许多事，只要想做，实实在在地去做，就能做到。毕其一生精力不遗余力地付出，任何一个人都能够创造出色的成就。

很多时候，并不是没有相应的智慧、能力，而是因为懒惰，消磨了原本能够成就的很多业绩。

司马光就是一个一刻不肯停歇的人，不但不拖延，还总是往前赶，与时间竞赛，勤奋的精神殊难比肩。

每个人都是以自己为轴心的运动体，是在为自己而努力。如果偷懒，耽误的只是自己的成绩。积极勤奋的人是对自己生命负责的表现，是对生命的无上尊重。

生命很宝贵，道理谁都知道，可是真的在行动上有所体现的人寥寥无几，很多人一生的大部分时间都是被挥霍掉了，晚年再“老大徒伤悲”。

这样充满焦虑不如立即行动起来，不虚度一分一秒，让自己的人生画板出现丰富多彩的图画，很多图画称不上干净漂亮，至少自己不会再费心去焦虑后悔。

故事穿越

我国近代伟大的思想家和文学家鲁迅非常珍惜时间，关于惜时他有很多名言。广为流传的例如：时间就是生命，无端地空耗别人的时间，其实无异于谋财害命。

像先生自己说的，他把别人喝咖啡、闲聊天的时间都用在工作和学习上了。这还不够，他还想方设法激励自己注重抓紧时间刻苦学习和工作。

他北京的卧室兼书房里面，一副对联赫然醒目：望崦嵫而勿迫，恐鹈鴂之先鸣。先生学问太深，很多人触目所及却不能明白意思。

原来这是引自古代伟大诗人屈原的诗句，意思是：远望太阳落山心里不由焦急；只怕一年马上要过去，报春的杜鹃早早来啼叫。

另一面墙上挂着鲁迅先生最崇敬的老师藤野先生的照片，而这也无时不在激励着先生的脚步。

他在《朝花夕拾》中说：“每当夜间疲倦，正想偷懒时，仰面在灯光中

瞥见他（藤野先生）黑瘦的面貌，似乎正要说出抑扬顿挫的话来，便使我忽又良心发现，而且增加勇气了，于是点上一支烟，再继续写些为‘正人君子’之流所深恶痛疾的文字。”

在惜时如命的精神引领下，鲁迅先生马不停蹄，在短短56年的生命历程中，广泛涉猎到社会科学、自然科学、文学等诸多领域，毕生著作、编译的内容超过一千万字，留下了丰厚的遗产，虽死犹生，永垂不朽。

故事微语

成功人士共同的特征很多，惜时、积极行动是一大项。

鲁迅先生的惜时精神是闻名的，他活着的每时每刻都在用功，才能为我们留下大量优秀的思想和文字。

梦想成真是人类共同的美好愿望，仅仅停留在口头上的大有人在。伟人们终其一生忙碌也不是都能兑现梦想。

行动更大的意义在于坚持了自己，而不是迷失到别处。通过不懈的行动，多多少少能够实现自己的价值，感受自身的存在感，也即成就感，那种感觉属于幸福。

提升对自我的认知，提炼自己的思想意志于芸芸众生，居高临下，超然心境，美妙的人生真正掀开了一角。

心灵箴言

看鹰看飞翔，看人看行为。

——谚语

有作为是“生活的最高境界”。

——[德] 恩格斯

有学问的人只重空谈，有勇气的人才能实行。

——[德] 孚希特万格

成功的秘诀，在于养成迅速去做的好习惯。

——[英] 劳伦斯

行动也许不一定会带来快乐，但是没有行动就决没有快乐。

——[美] 本杰明·狄斯拉理

那些尝试去做某事却失败的，比那些什么也不尝试去做成功的人，不知好上多少。

——[美] 路易·锤斯

每个人都本能地感觉到所有美丽的情感加在一起也比不上一个值得敬佩的举动。

——[美] 詹·拉·洛威尔

借口的原因就是失败的原因

故事话题

一天，戴尔·泰勒牧师向所任教的教会学校的学生们发布了一个公告：谁要是能背出《马太福音》中的第五章到第七章的全部内容，他就邀请他们去西雅图的“太空针”高塔餐厅参加免费聚餐会。

西雅图的“太空针”高塔是美国标志性建筑之一，能够在高塔上端的透明餐厅吃一次饭，是很多人梦寐以求的浪漫事。

孩子们更是跃跃欲试。他们一开始欢呼雀跃，然而，翻开《圣经》，找到老师要求背诵的好几页，班级复归安静。

《圣经·马太福音》第五章到第七章有几万字，而且不押韵，背诵的难度相当大。看到沉默下来的孩子们，牧师耸耸肩走了。他知道这个难题不会有人完成的。

之后的第五天，一位 11 岁的学生竟然从头到尾、一字不漏地把原文背诵了下来，没出一点差错。

泰勒牧师惊讶地张大了嘴巴，要知道最虔诚的信徒能够如此准确背诵的也很难找到，更何况是一个孩子。

泰勒牧师在惊叹他有惊人记忆力的同时，不禁好奇地问：“你是如何背下这么长的文字的呢?”这个孩子不假思索地回答道：“我竭尽全力。”

16 年后，这个孩子成了一家知名软件公司的老板，他名叫比尔·盖茨，后来他成为全球首富。

故事解析

人们在做事之前，往往总是强调困难的因素，而不愿动手去做。其实，这只不过是为自己的惰性找一个借口。

大多数时候，不成功仅仅是因为努力得还不够罢了。遭遇失败的时候，不是检点自我，而是推三阻四，拉替罪羊，这是很多人不能走出失败的主要原因。推卸责任，开脱自己。

比尔·盖茨现在是全世界都知道的最富有的人，这并非是因为他的基因中有着过人之处，而在于他具备坚持不懈的优良品质。

不找借口，竭尽全力就是一个。要坚持这样的品质需要持之以恒的毅力、自制力，很少人能够以此为自己的准则。

比尔·盖茨小时候就能够严格要求自己，难能可贵。他不同寻常的坚持赐予他日后所有的荣耀。

不为失败找借口，勇于自省，修养优秀的品质、习惯，根本上提升自己的人品层次，是摆脱失败、焦虑等负面情绪的终极利器。

找什么借口都是更大的失败，成熟、成功的人永远不会找借口。

故事穿越

她是一个被幸运女神捉弄的女孩，在她风华正茂的19岁那年，她的芭蕾舞事业也正值巅峰状态，却突然出现了眼疾，两眼视线模糊，医生说是视网膜脱落，而且很严重。

她进行了手术治疗，然而收效甚微。医生告诉她需要休养一整年，中间不能绷脚尖，不能扭转头部，还得控制住面部表情不变化。

她心急如焚，芭蕾舞的练习是至关重要的。行话说得好：一日不练自己知，两日不练同行晓，三日不练观众明，一年不练等于宣告她芭蕾生涯的完结。

丈夫拗不过她的苦苦哀求，辞去了工作，每天以手指代替脚尖，在她的胳膊上表演，虽然不是亲自起舞，却能够不断巩固强化她的职业感觉。

眼睛初步恢复后她便重返舞台，熟悉的姿态仿佛她不曾中断。她尽情地舞动，倾情出演了《天鹅湖》《卡门》等经典剧目，精湛的表演带来好评如潮、无数鲜花和掌声。

但视力又出现衰退，没多长时间，她的那只能够看到东西的眼睛又模糊了，丈夫希望她放弃芭蕾舞。

她做了折中的选择，跳双人舞，由舞伴精准定位，引导她婀娜多姿的舞步，观众们丝毫看不出破绽。

就这样，她以无比的毅力与激情燃烧了半个世纪之久，她就是赫赫有名的阿隆索，2010 年 7 月 9 日，她摘取了西班牙巴勃罗艺术大奖。

她双目失明的事被媒体挖出，对此，她只是淡然一笑：不找借口，踩着借口起舞。

故事微语

再妙的借口也不能产生美化作用，而只能懈怠自己的斗志，使你沦为失败者、弱者。

视力疾患严重困扰着阿隆索，她热爱的芭蕾舞变得异常艰难，但她能

够想方设法克服，始终为观众奉献出最优美的舞蹈。

不找借口就是宣告永不放弃，不寻找借口就是锐意进取。要成功，就要保持一颗积极、绝不轻易放弃的心。

不找借口，不断向内激发潜能，迫使自己释放更大能量，不断开拓出自己无穷的潜能量，获取淋漓尽致的满足感。

最大程度发掘自己就是对自己内涵的提升，之后的艰难迎刃而解，生命的鲜花怒放，不留遗憾。

一旦开始找借口，效率会直线下降，很难挽回。

失败应该是通往成功的铺路石，千万不能以借口又将它逆袭成绊脚石，牢记失败的教训，迈向成功。

心灵箴言

当仁不让。

——孔子

责任感与机遇成正比。

——[美] 威尔逊

天下兴亡，匹夫有责。

——顾炎武

莫找借口失败，只找理由成功。

——佚名

这个社会尊重那些为它尽到责任的人。

——梁启超

失败是没有借口的，宿命论是那些缺乏意志力的弱者的借口。

——[法] 罗曼·罗兰

一个人若是没有热情，他将一事无成，而热情的基点正是责任心。有无责任心，将决定生活、家庭、工作、学习成功和失败。这在人与人的所有关系中也无所不及。

——[俄] 托尔斯泰

平静如水，远离各种消极的情绪

故事话题

诸宸是国际象棋选手，1988 年获得“儿童与和平”国际象棋世界少年赛 12 岁组女子冠军，是中国第一人。

她荣获殊荣后，清华大学向她敞开了大门，她选择了中文系，四年后又转修经济管理系。自出道以来，诸宸没有经受过大的波澜，一直顺风顺水，可是没多久，她便遭遇了人生第一块磨刀石。

2000 的世锦赛上，诸宸第一次与美洲的冠军 L. KRUSH 对决，后者的名字是“我摧毁，我要摧毁你！”的意思。

诸宸的为人和棋风一向和气，没当回事，不料两人开始比试后，刚进入第二盘诸宸就告败，第一轮就被彻底淘汰。

诸宸从业也十多年了，第一次这么惨、这么窝囊，她都无法相信。过了老半天她才缓过神站了起来。

随后将近半年时间，她都浸淫在那次失败的感觉中，甚至不敢去碰触最心爱的棋盘。她坚持着学业，在一次课程中，她听到了“沉没成本”的概念。

比如看电影，到影院后发现没带票，最经济的做法是再买一张，因为之前的所有准备已经成了“沉没成本”，必须抛弃，否则只能造成更大的浪费和损失。

诸宸豁然开朗：你下了一步臭棋，属于“沉没成本”，只要静下心来，不影响后面的比赛就好。道理融会贯通后，诸宸的思想也通了。

2001 年 12 月的女子世界锦标赛上，她荣膺第九位冠军，圆了大满贯梦，是世界上第一位集少年、青年、成年和团体冠军于一身的人。

故事解析

顺利的人生让人少了很多防备，容易栽跟头。自出道始，诸宸的职业棋手生涯一直很顺，一旦遇到波澜，便人仰马翻，很难一下恢复元气。

良好的心理素质是决定行为表现的重要因素，特别是在比赛中，这种影响作用特别明显。由于传统文化的导向作用，中华民族的人民不习惯探究内心，认为那是个人私事，不必探究。

近代文明兴起后，心理作用越来越受到重视，缺乏一定的心理健康训练，在国际赛事上，华人明显处于劣势。

原始的心理机制不足以处理人情世故，会在生活中激起各种问题。对心理机能的训练应该是人人都要掌握的技巧。

平静的心态是良好心态之一，代表了高深、成熟的修养，能够时时拥有，是整体形象的直线晋升。

处理问题、为人处世都需要一颗平静的心，镇定、冷静是应该常备的心态。不轻易被激动，问题、烦恼的解决才能更好。

故事穿越

古时候，在一个河塘边有位年轻人坐在岸边钓鱼，不远处坐着一位胡须花白的老人，也在钓鱼。两个人坐得很近，奇怪的是老人一会儿一提钩，每次都钓到了鱼。而年轻人一整天下来都没有收获。

年轻人颇为忿忿不平，但也很无奈，只好虚心向老人请教：

“敢问老人家，我二人并排坐在岸边，相隔不过五尺。为什么您收获颇丰，我却一无所获呢?”

老人淡然一笑，抚了抚胡须从容地回答：“你是在钓鱼，我是在垂钓。你钓鱼的时候，只是一心想得到鱼，目不转睛地盯着鱼儿有没有钓住你的鱼饵，所以你看见鱼不上钩就心浮气躁，情绪不断发生变化，使你的鱼竿总是微微震动，鱼儿都被你的焦躁情绪吓跑了。我呢，我是在垂钓，垂钓跟钓鱼不一样，我垂钓的时候，只知道有我，不知道有鱼，鱼来我也不喜，鱼去我也不忧，我心如止水，不眨眼，也不焦躁，鱼儿感知不到我，因此也没必要害怕逃跑。”

年轻人很是琢磨了一会儿，似懂非懂，他还是打了个揖，恭恭敬敬拜别老人。老人愉快地呵呵笑着走远了，年轻人方收起礼步，却看到几条小鱼在草丛里蹦。

他急忙捡拾起放到自己的鱼篓里，遥望老人，再次拜谢。

故事微语

钓鱼和垂钓，二者截然不同。前者过分专注鱼，结果鱼都被吓跑了，一条都钓不着。而垂钓讲究的是垂，勿需看鱼，垂钩而已，静止不动，鱼儿意识不到危险，争相咬鱼饵。

细微的差别，成果却是天壤之别，平静的内心极为重要。淡泊宁静，不欲不求，而鱼儿自来。

淡定的内心是修养高深的外在表现，红尘之中能够缔造一份淡然，心如止水，就是为他人展开了一片风景，花开花落，云卷云舒，去留无意，清净旷达。

内心平静，修身养性，也是能够专心做事的好心态。以静制动，以不变应万变，可以节省多少不必要的损耗。

时时宁静淡然，遇事方能客观公正，为人低调谦让，愿者自来。淡定也意味着以退求进，获取更高层次的目标。

主雅客来勤，具备淡泊致远的高尚情操，人格魅力无限增加，人脉汇聚，机遇交织，精彩人生由此拉开幕布。

心灵箴言

回看射雕处，千里暮云平。

——王维

非淡泊无以明志，非宁静无以致远。

——诸葛亮

知足，是多么难得的品质。淡定，是多么高深的境界。

——何炅

宠辱不惊，看庭前花开花落；去留无意，望天空云卷云舒。

——《幽窗小记》

所有人类的不幸，都是起始于无法一个人安静地坐在房间里。

——[捷克] 布雷斯巴斯达

经历过那样的 2008，还有什么事情能影响我的心情？镇定、淡定，做什么都要镇定，看什么都要淡定。

——刘翔

集中精力，培养专注的境界

故事话题

对于“QQ之父”腾讯马化腾的成功，他本人透露，是出于对QQ的专注。一提到马化腾，业内人士想到的都是“专注”这个词，这是他身上最大的标签。

腾讯从最开始，有五年多，一直专注于完善和规范QQ服务的工作，是国内唯一从事网络即时通讯的专门公司。

马化腾每天的大部分时间都泡在网上，但目的很单纯：遍搜互联网的犄角旮旯，开掘新的商机。妙趣横生的QQ秀产品就是重大成果之一。

有一天，他照样漂浮在互联网的汪洋大海上。出于偶然，他发现了韩国新推出的一种给虚拟人物、宠物等穿衣服的服务。

马化腾敏锐地捕捉到其中的商机，应用到QQ上推广尝试。他找到一些著名的手机、服装公司，诺基亚、耐克一类的国际知名公司均在其列，通过QQ秀为他们的最新款产品提供下载服务。

QQ秀联动大牌公司，服饰设计、手机款式等诸多产品涌现，强强联合很快QQ秀在QQ用户中间被热捧，带来滚滚利润，而腾讯没有为QQ秀发生任何花销。

成功推出后，QQ秀业务量增长很快，超过40%的用户发生了实际购买行为。这对于拥有庞大用户群的通讯企业来说，意义非凡。

马化腾估算，每个用户即使仅花费1元，收入额就会大得超乎想象。正是马化腾专注的眼光保证了腾讯的盆满钵满，2011年前三季度，腾讯盈利达到3.28亿元。在世界范围的同类企业中都名列前茅。

故事解析

QQ 胜在专注及专业。十几年内专攻网络通讯，技术、运营方法在长久的专注下越来越成熟、壮大，渐渐占领相应市场的绝大部分比例，羽翼丰满，小鸟终于成长为雄壮的大鸟，飞向更大的天空。

因为专注，所以引领。专注的结果之一即“精”，高端、先进、精工细作。基于主要的通讯业务，QQ 在不断细化、拓展服务内容，实现收益的提升。

想要成就一番事业必须能钻进去，全身心投入其中，充分全面、事无巨细了解相关信息，变身专家，这还只是基本的要求。

专注的境界高深，具有难度，需要强大的毅力、定力做保障，否则很难达到。

要把事情做好，要实现最好的自己，就要浸淫在目标事物中，不愿离开。专注是利刃，斩断其他虚妄的干扰，专注力的大小是个人素质的表现，一定要进行修炼。

专注的人最可爱。

故事穿越

比尔是演说家和作家双料人才，闲暇时间特别喜欢观察鸟类。几年前，他买了一幢别墅，周围树木葱郁，空气令人心旷神怡。

搬进去后第一个周末，他就在花园里安装了一个喂鸟器。结果当天傍晚，一群松鼠把喂鸟器弄翻了，吃完了里面的食物，吓跑了小鸟们。

之后的两周，比尔绞尽脑汁，想方设法，几乎就要使用暴力了，但没有一点改观。双料人才比尔束手无策，跑到五金店买了一个“防松鼠喂鸟器”。

他一回到家就换掉了原来的，以为可以高枕无忧了。可就在当日天黑以前，松鼠们又堂而皇之地光顾了“防松鼠喂鸟器”，旧戏重演。

比尔愤怒了，他拆下喂鸟器回到五金店，要求退货退款。经理说：“我会给你退货的，但你要知道，根本没有什么真正的‘防松鼠喂鸟器’。”

比尔反驳他：“我们可以载人登月，几秒钟内在全球范围传遍信息，但我们居然不能设计、制造出一个真正有效的喂鸟器?!”

“差不多吧，不过没花你那么长时间。”

比尔请他说得明白些。

“我得问你两个问题。首先，你平均每天花多少时间对付松鼠?”

比尔想了一下：“我不确定，10到15分钟吧。”

“和我猜的差不多，”经理说，“你猜那些松鼠每天花多少时间来试图闯入你的喂鸟器呢?”

在松鼠醒着的每时每刻。松鼠不睡觉的时候，98%的时间都在寻找食物。

故事微语

在专一的用心面前，智慧的大脑、优势的体格节节败退！小小的松鼠以超常专注的觅食精神打败了所有阻碍，来无不胜。

掌握专注的心态利器，聚焦自己的耐心、智慧，集中力量到一个点，必然无限增大胜算。

在喧嚣的尘世间，能够沉心静气，专注起来，就能顺利、快速地去进行自己的追求，早日收到成效。

把专注变成日常的习惯，每一件事都会变得迎刃而解，大大减少对正常心态的损伤。磨炼专注的品质，人生的追求不会太艰难。

心灵箴言

逐鹿者不顾兔。

——《淮南子》

耐心和持久胜过激烈和狂热。

——[法] 拉·封丹

在事业上，达到敏捷的方法在乎专心治事而不在一次包揽许多事务。

——[英] 培根

我此刻正在做的事，就是我一生中最大的事，不管是在指挥交响乐团或剥橘子。

——[俄] 托斯凯宁尼

第四篇

放飞心情，分享你的快乐

曾有人说过，不会分享的人注定是一个孤独者，一个失败者。其实分享却很简单，它只是一种思想上的放松。每个人都把自己所拥有的给予别人，从而获取快乐，丢掉忧愁，这就是分享。

乐观生活，快乐是一种态度

故事话题

好莱坞演员克里斯托弗·里夫因为扮演超人一夜成名。他还没有从成功的愉悦中脱离出来，1995 年 5 月 27 日，就在马术比赛中出了事故。

他从马背上飞了出去，两手被缰绳缠住了，导致头部先着地，第一、二颈椎折断。五天后他才醒来。医生说必须做手术才能连接上他的颅骨和颈椎，但不能够确保里夫没有生命危险。

飞来的灾难让里夫万念俱灰，他多次想到轻生。他用眼睛对妻子丹娜说："不要救我，让我走吧。"

丹娜哭了："你不能走，我们需要你，我会永远和你在一起，无论如何。"

手术日期一天天临近，里夫内心的恐惧越来越严重。这时候，他 3 岁的儿子威尔也有了某种感觉，庄重地和妈妈谈起爸爸，他说："妈妈，爸爸的膀子动不了呢。"

"是的，动不了。"

"爸爸的腿也不能动了呢。"

"是的，是这样的。"

威尔不吭声了，颇为沮丧，忽然他高兴起来，欢呼："但是爸爸还能笑呢！"

"爸爸还能笑呢"，威尔的这句话为里夫带来希望的曙光，找回了生存下去的勇气和信心。10 天后的手术很成功。

尽管里夫腰部以下仍然没有知觉，但他毕竟忍受了剧烈的疼痛顽强地活了下来。他又充满自信，天天锻炼，用好心情迎接每一天。

后来，他不仅亲自导演了一部影片，还出资建立了里夫基金，为医疗保险事业做出了贡献。里夫坚信他会在 50 岁之前重新站立起来，他要做一个真正的"超人"。

故事解析

在克里斯托弗·里夫的自传里，他郑重地记下了儿子的那句话：“但爸爸还能笑呢。”是的，不管灾难有多严重，都要记得，我们还有微笑。

快乐是最好的提神药。原本被爸爸的病情打击到沮丧的孩子，在看到爸爸的笑容后便重新对爸爸充满信心。

而爸爸在儿子的提醒下意识到自己内在的力量，意识到自己对家庭、孩子肩负的责任，生存、奋斗的愿望把激情重新点燃，他终于战胜了飞来横祸带来的伤害，成为真正的超人。

快乐意味着还有力量，快乐为别人传递积极的正能量。乐观快乐的人眼里没有过不去的坎儿，乐观快乐的心态总是能够找到解决问题的办法，同时还能创造新的快乐。

凡事都要看到积极的一面，看人总能发现人之所长，这样你就总能快快乐乐，再去感染别人，将一份快乐无限放大。

故事穿越

19世纪初，一个犹太少年做梦都想成为像帕格尼尼那样伟大的小提琴演奏家。他勤学苦练，但是，即使是不擅长音乐的父母都感觉到他根本入不了门，缺乏天分。

一天，少年去请教一位经验丰富的老琴师。琴师说：“孩子，你先给我拉一首曲子听听吧。”少年拉了帕格尼尼24首练习曲中的第3首，简直破绽百出。

一曲终了，老琴师沉吟片刻，问他：“你为什么特别想演奏小提琴呢？”

少年说：“我想成功，想成为帕格尼尼那样出众的小提琴演奏家。”

老人又问道：“那你拉琴快乐吗？”少年回答：“我非常快乐。”

老琴师把少年带到自家的花园里，对他说：“孩子，你现在非常快乐，说明你已经成功了，是这样吧，你拉小提琴的目的是为了成功，获得快乐，而你已经实现了，那又何必非要成为帕格尼尼那样伟大的人？”

接着，老人又说道：“你看，世界上有两种花，一种花能结果，一种花不能结果，可它们同样美丽，比如玫瑰，比如郁金香，它们在阳光下开放，虽没有任何明确的目的，但这也就足够了。这才是成功的境界，一种大智慧！”

老人的一席话，点拨了少年盲目的心。于是在后来的日子里，少年不再对拉小提琴那么狂热了，只把它当作调节生活获得快乐的一种活动。

他做什么事都变得从容冷静起来，不再去盲目要求自己。20年后，这个少年成了名震天下的物理学家。他就是影响世界的伟人阿尔伯特·爱因斯坦。

故事微语

成功有时真的很简单，只要你有了快乐的心境。

爱因斯坦通过拉琴已经体验到无比的快乐，但他没有意识到。老师点拨了他，为他的生活保留了一份快乐，同时不影响他擅长的物理专业。

爱因斯坦既保留了迈向成功的机会，还获得了一份快乐，二者互相促进，浇灌出荣耀的花朵。

快乐是最为积极的一种心境，快乐的心境会消除你劳作的疲累，消减机体的疼痛感，增加你的耐受度，让你能够承受更多、更大的责任。

快乐的人青春飞扬，朝气蓬勃，为人们带来生机和活力。

心灵箴言

快乐，是人生中最伟大的事！

——[苏联] 高尔基

快乐不在于事情，而在于我们自己。

——[德] 理查德·瓦格纳

世界上没有比快乐更能使人美丽的化妆品。

——[乌克兰] 布雷顿

快乐，使生命得以延续。快乐,是精神和肉体的朝气，是希望和信念,是对自己的现在和未来的信心，是一切都该如此进行的信心。

——[俄] 果戈理

迷恋既往，盼望将来，不如接受现况

故事话题

1783年9月3日，英国正式承认美国独立。11月2日，华盛顿向追随他征战多年的将士发表了告别演说：

“你们在部队中曾是不屈不挠和百战百胜的战士；在社会上，也将不愧为道德高尚和有用的公民。平民生活的俭朴、谨慎和勤劳的个人美德与战场上更为壮丽的奋勇、不屈和进取精神同样可贵。”

最后他公开表达了自己即将退役、过平民生活的热切愿望：“分离的帘幕不久就要拉下，我将永远退出历史舞台了。”

两天后，华盛顿乘船离开纽约港，送别的人流如潮。12月23日，华盛顿向大陆军会议辞去一切公职，亲手交回了委任状，正式解甲归田。

回到他日思夜想的故乡弗农山庄之后，他在给一位朋友的信里说：

我终于成了波托马克河畔一个普通的百姓，在自己的葡萄架和无花果树下休闲纳凉，看不到军营的喧闹和公务的繁忙。

我此时所享受的这种宁静幸福是那些贪婪地追逐功名的军人们，那些日夜图谋策划、不惜灭亡他国以谋私利的政客们，那些时时察言观色以博君王一笑的弄臣们所无法理解的。

……我将知足常乐。

从将军到公民，华盛顿没有什么落差的失意，认为各有各的好处，就像当初应召为国服役，义不容辞。

这是义务，是责任，也是他作为军人的荣誉感，是他做人的基本原则。一旦胜利降临，戏剧落幕，他就坦然地告别这个舞台，将深深的回忆埋在心底。

故事解析

华盛顿好汉不提当年勇的气概令人折服。他爱部队，爱战士，然而一旦他在部队的使命结束，他毫不动摇解甲归田，安定于新的环境，发现新的乐趣。

当昨日的繁华褪尽，只能选择遗忘。停留在昨日的繁华就是无视今日的价值，就是自甘后退，必然将会推辞自己目标的实现。

如果今天遭受了伤痛就要在今天拿出解决办法，而不能寄予明日。明日何其多，你选哪一个？真正进入那个时间，你能保证时间不会被其他的事占用吗？

明天是不确定元素，不可寄托。实实在在存在的就只有现在。用充实的忙碌填充现在的每一分每一秒，内心会很安定，第二天也可以全新开始，没有拖泥带水。

最积极的心态就是关注现在，全力以赴。

故事穿越

台湾作家林清玄读小学的时候，外祖母去世了。他与外祖母感情最好，一时间他无法排除忧伤，每天在学校的操场上一圈一圈地跑，直到累倒在地，就趴在草坪上痛哭。

爸爸妈妈和他郑重其事地谈了一次话，告诉他外祖母永远不会回来了。

“什么是永远不会回来了呢？”

“所有过去的事物，都永远不会回来了。昨天过去了，就再也不能回到昨天。爸爸也有过无忧无虑的童年，但再也回不去了。”

谈话后，林清玄每天看着太阳一点点地沉进山头，真切地感受到时光的流逝，不可逆转。明天还会有太阳，但永远不会是以前的那个。

林清玄的小心眼里满是着急、悲伤，终于有一天他有了自己的办法：我要比太阳更快地回家。

他狂奔到家，太阳还没有完全落下去，他便高兴地跳起来——他跑赢了太阳。以后他常做这样的游戏，有时是和太阳，有时是和西北风比赛。

有时他十天就做完了整个暑假的作业，那时他读三年级，他便常把哥哥五年级的作业拿来做。每一次比赛胜过时间，他就快乐得无法用言语形容。

接下去的二十年里，他积极把握现在的习惯让他受益无穷。虽然他知道了人永远赢不过时间，但他总是力求比原来跑快一步，如果加把劲，有时可以快好几步。

那几步虽然很小很小，用途却很大很大。他会在将来教给自己的孩子一直和时间赛跑，就可以成功。

故事微语

童年的林清玄不会积极调解自己的情绪，一度陷入对外婆没完没了的哀思中。父母开导了他，让他明白了“不可回返”的现象。但他并不甘心，想出与时间比赛的办法。建立起积极行动、争分夺秒的好习惯，受益终身。

我们的思绪里面，很多指向的并不是当下，而是与过去、未来有千丝万缕的联系。这样的思绪需要你慧剑除根，尽量清楚。

全力注重现在、当下，争分夺秒去执行自己的计划，向着目标奋力冲。

心灵箴言

不要让昨天占用今天的时间。

——美洲谚语

不要埋首于远昔的过去，把握现在吧。

——德国谚语

不要等到日子过去了才找出它们的可爱之点。

——法国谚语

记住昨天，如果不是为了激励明天的进取，那就莫如忘却。

——佚名

我们有必要恢复对我们的理想、命运和我们自身的信念。我们活在世上不只是为了享乐和自我满足。我们负有创造历史的使命——不漠视过去，不毁弃过去，不向过去倒退，而是发奋向前，积极向上，为未来开辟新的前景。

——[美] 理查德·尼克松

赏识他人，不要吝啬你的赞美

故事话题

美国第三位女国务卿希拉里是位不折不扣的才女，当然，她也是一步步成长起来的。

在她的少女时期，春天的一个暖洋洋的中午，她和爸爸在公园散步。她看到一个装扮滑稽的老太太。

老太太身上紧紧地裹缠着羊绒大衣，脖子上还严严实实地围着毛皮围巾，仿佛是数九严寒。

希拉里拽了一下爸爸，悄悄说："爸爸，看那位老太太多可笑。"

爸爸当时的表情特别严肃，他默默不语，足足有五秒钟，然后他说："希拉里，我突然发现你缺少一种生存本领，你不善于欣赏别人。这证明你在与别人的交往中少了一份真诚和友善。"

希拉里觉得爸爸有些小题大做，她很不服气："你难道不觉得她的样子很可笑吗？"

"和你相反，我很欣赏那位老太太。"

希拉里很惊讶。

"她穿得挺厚，也许是身体不太舒服。但你看她的表情，她注视着树枝上一朵清香、漂亮的丁香花，表情是那么生动，你不认为这很可爱吗？"

接着，父亲又说："她渴望春天，喜欢美好的大自然。我觉得她令人感动！"

希拉里又仔细看了看，果然如爸爸所说。爸爸领着希拉里走到老太太面前，微笑着说："夫人，您欣赏春天时的神情真令人感动，您使这春天变得更美好了！"

那位老太太很激动："谢谢您！先生。"她从提包里取出一小袋甜饼递给了希拉里，"多漂亮的姑娘。"

事后爸爸说："一定要学会真诚地欣赏别人，每个人都有优点。你能做到这一点就会获得很多朋友。"

故事解析

善于发现别人的闪光点，予以真诚的赞美，能够最大限度地为你赢得人脉。如果做不到这一点，莽莽撞撞地冒犯了人，那么你就给自己竖起了若干堵墙。

结局就是差得这么大。

希拉里的父亲及时纠正了她的不当之处，给她上了一节生动的人际交往课程。让她受益良多。

人与人之间的交往接触其实并不复杂，“己所不欲，勿施于人”，“你想别人怎么样对待你，你就怎样对待别人”，这些都是基本交际原则。

赞美别人有拉近关系的意思，就是要交朋友，而不是两两相对的关系。多一个朋友多一条路，朋友多了路好走，要想烦恼少，多把朋友找。

通过真心实意的赞美，就能拉近彼此的心，消除可能的误会、敌意，营造出温馨和谐的氛围。

故事穿越

1852 年秋天，已经功成名就的屠格涅夫跑到郊区打猎，无意间捡到一本《现代人》杂志。

他随手翻了几页，竟被一篇题名为《童年》的小说吸引。作者是一个初出茅庐的无名小辈，但屠格涅夫十分欣赏。

他四处打听有关作者的消息，获知作者是由本地的姑母一手抚养大的。屠格涅夫很快找到了姑母的家，虔诚地敲开了她家的大门。

姑母疑惑地看着他，自己的侄子有才，她是知道的，但来者何人呢？出于什么目的呢？

屠格涅夫恭敬地递上自己最新发表的作品，请求女士笑纳。

“如果您的侄子肯坚持写作的话，我会尽己所能予以帮助，请不要客气。”

来人走了，姑母拿起他留下的大作扫了一眼，发现竟然是正在热销的一本小说，来人竟是大作家屠格涅夫。

姑母激动不已，马上坐下写信告诉自己的侄儿：你的第一篇小说引起了很大的轰动，大名鼎鼎、《猎人笔记》的作者屠格涅夫称赞了你。他说：这位青年人如果能继续写下去，他的前途一定不可限量！

文章作者收到姑母的信后惊喜若狂，他本是因为生活的苦闷而信笔涂鸦发泄心中寂寥的，不想却得到著名作家屠格涅夫的欣赏。

这件事一下子点燃了这位作者心中的文学火焰，让他找回了自信和人生的价值，于是他一发而不可收地坚持写了下去，最终成为具有世界声誉和世界意义的文学家、艺术家和思想家。他就是列夫·托尔斯泰。

故事微语

这是两个才子惺惺相惜的故事，经由欣赏、赞美开始。

赞美实际上表明了你一定的价值观，暴露出你的品位、嗜好、兴趣等很多信息。对方的反应也要建立在对这些信息评判的基础上。

可能是接受，也会拒绝，有时是欣喜等等。总之，在这个初步的过程中，已经出现了双方观念、感受印证的内容，这种方法交到的朋友具有一定的稳固性。

尽可能多地去发现别人的优点，发自内心地予以赞美，坦言自己的感受，你会收获很多人脉，在愉悦别人的时候快乐自己，互惠互利解心忧。

心灵箴言

赞美是美德的影子。

——[英] 塞·巴特勒

称赞不但对人的感情，而且对人的理智也起着很大的作用。

——[俄] 列夫·托尔斯泰

要改变人而不触犯或引起反感，那么，请称赞他们最微小的进步，并称赞每个进步。

——[美] 卡耐基

赞扬是一种精明、隐秘和巧妙的奉承，它从不同的方面满足给予赞扬和得到赞扬的人们。

——[法] 拉罗什夫科

给生活微笑，生活才会给我们微笑

故事话题

美国的第 40 任总统里根，后来又连任过两届，他最大的特点是他的乐观和自信，给世人留下了深刻的印象。他的这种性格来源于他的少年时代。

当里根还是一个小男孩儿的时候，经常调皮捣蛋，给父母制造麻烦。有一次，父母把他锁在一间堆着马粪的屋子里，要他体验一下生活的艰辛，好让他有所收敛。

没过多久，父母就坚持不了了，忍不住跑去看他。岂料，他非但没有哭闹过一丁点儿，反而在兴致勃勃地铲着那些马粪，干得不亦乐乎。

父母奇怪他为什么铲马粪，他对着惊讶的父母兴奋地说道："周围这么多马粪，我知道，在这附近的什么地方，准有个小马驹。"

这个寻找小马驹的男孩儿就在乐观的情绪中一天天长大，虽然他的家庭从未富裕过，甚至在经济萧条时期几乎破产，但在里根的记忆中，童年的生活大都是幸福美好的。

具有优越的心态，即使是在总统大选中遇到挫折，前景黯淡时，里根仍保持着他的乐观，终获成功。

即使在他晚年身患阿尔茨海默症，他也是乐观地总结道："我知道我正在走向我人生旅程中的黄昏。我知道对美国而言前方总是有着灿烂的黎明的。谢谢你们，我的朋友们。愿上帝永远祝福你们。"

2000 年 8 月，美国《新闻和世界周刊》报道里根病危的消息。但顽强的生命力使里根又活了近 4 年，最终享年 93 岁。

故事解析

生性乐观的里根总是能够发现积极的意义，父母把他关在对着马粪的屋子，他居然也能想到找一匹小马。

这么强烈的乐观精神实属难得，他一路奋争，勇登总统座椅的成就仿佛也不是那么意外了。

具有乐观精神的人才能总是笑对生活，但笑是个简单的表情，任何人都能做到。主动绽放亲切的笑脸，更能够改变别人的态度，为自己带来好心情。

有了好心情才好做事，才能富有效率，让你得到实惠。保持微笑面对，无视不良心绪，用自己的举动改变周围的人，形成分享快乐的局面，始终赢取好心情。

不必为自己的悲观感到失望，只要经常拉动一下笑肌，就能轻松开启情绪联动的锁头，处身快乐氛围中。

故事穿越

巴尔扎克成功前也历经坎坷，他的阻力主要来自父亲。他的父亲为他选择了法律专业，巴尔扎克毕业后却一心只想当作家。

父亲把做律师的利弊为他分析得详细而透彻，苦口婆心劝说，直到口干舌燥，巴尔扎克也没有让步的意思。

两人终于反目，父亲一气之下不再为他提供物质援助。巴尔扎克第一部作品五幕诗体悲剧《克伦威尔》完全失败，两相作用，将巴尔扎克的生活拖入困局。

最艰难的时候一天只吃一顿饭，而且只有干面包和白开水。实在没得吃的话，他也不失乐观，就真的画饼充饥，在桌子上画满盘子，每一个里面写上食品的名称，火腿、奶酪、肉汤等等，在想象中填饱肚子。

他又雄心勃勃与人合作从事滑稽小说和神怪小说的创作，还曾一度弃文从商、经营企业，出版快餐式的名著丛书等，均告失败。

商业和企业上的失败使他债台高筑，即便如此，他也不气馁，相反，在这段最困难的时期，他还耗费700法郎买了一根镶嵌着玛瑙颗粒的手杖，还在上面刻了一排字：粉碎所有障碍。

正是这句气壮山河的名言和他饱经沧桑的生活阅历在支持着他。1829

年，他发表长篇小说《朱安党人》，迈出了现实主义创作的第一步，1831 年出版的《驴皮记》使他声名大震。

他要使自己成为文学事业上的拿破仑，在 30 至 40 年代以惊人的毅力创作了大量作品，一生创作甚丰，写出了 91 部小说，合称《人间喜剧》，被誉为“资本主义社会的百科全书”。

故事微语

成功总是眷顾乐观者，因为他们爱笑。

巴尔扎克虽然很长时间里为经济所困，但他乐观的劲头从未遗失。他的苦中作乐保证了他总能拥有好心情，在困难的条件下坚定前行。

困难总是会有，好的心态却需要努力才能建立。一旦建立就能发挥作用为人传输正能量。

巴尔扎克以乐观牵动的努力得到及时回馈，他的作品终于完成了，受到追捧。当初他对生活简单的微笑在后面让他得到了超额的回报。

经常面带微笑，引发别人的好感，是调节心绪的最具可操作性办法。

心灵箴言

世界如一面镜子：皱眉视之，它也皱眉看你；笑着对它，它也笑着看你。

——[美] 塞缪尔

我们曾经为欢乐而斗争，我们将要为欢乐而死。因此，悲哀永远不要同我们的名字连在一起。

——[苏联] 伏契克

一个人如能让自己经常维持像孩子一般纯洁的心灵，用乐观的心情做事，用善良的心肠待人，光明坦白，他的人生一定比别人快乐得多。

——[法] 罗兰

开朗的性格不仅可以使自己经常保持心情的愉快，而且可以感染你周围的人们，使他们也觉得人生充满了和谐与光明。

——[法] 罗兰

想让自己快乐，请先宽容别人

故事话题

一个 22 岁的年轻人在订婚的喜庆日子，他的女朋友却牵着另一位年轻小伙儿的手对他说：“对不起，我觉得，我们在一起不会幸福。”

正沉浸在幸福中的他呆若木鸡，亲戚朋友诧异取笑的目光让他真想找个地缝钻进去。整个小镇都知道了他的事，年轻人决定逃离这个小镇。

他发誓将来一定要风风光光地回到家乡，找回自己丢失的尊严。果然，30 年后，他已经成为伟大的文学家和思想家了。

他的著作《忏悔录》《社会契约论》《爱弥儿》在欧洲引起了巨大的反响，他的名字——卢梭，享誉欧洲。

回到家乡的第二天，有位老朋友问他：你还记得艾丽尔吗？卢梭笑着说：“当然记得，她差一点儿做了我的新娘。”

朋友说道：“当初她带给了你莫大的羞辱，自己也没有好下场，这些年来，一直生活在贫困潦倒之中，靠着亲戚们的救济艰难度日。上帝惩罚了她对你的背叛。”

朋友本以为卢梭听到后会感到高兴，然而卢梭却说：“我很难过，上帝不应该惩罚她。我这里有一些钱，请你转交给她，不要告诉她是我给的，以免她以为我在羞辱她而拒绝。”

“你真的对艾丽尔没有丝毫的怨恨吗？当初，她可是让你丢尽了脸。”

“如果有怨恨，那也是 30 年以前的事儿，如果这些年我一直对她怀有怨恨，那我自己岂不是在怨恨中生活了 30 年，那对我有什么好处呢？”

《爱弥儿》
《社会契约论》
《忏悔录》

故事解析

伟大诗人卢梭心胸开阔，不计前嫌，并以巧妙的方式对曾经严重伤害过自己的人施行援助，这么宽广的胸怀不可能不快乐。也是当年的屈辱和长期在外的生活练就了他的胸怀。

卢梭不以别人的错误熬煎自己，大度宽容对方，解脱了自己。摆脱掉对受辱的纠结才能专心致志于文学艺术创作。

生活中总会出现一些事件、问题，很多时候自己并没有责任，反而是受害者，那么，就不再继续生活了吗?

生活的复杂要求我们要有包容的品质，否则你的人生道路走不了多远。大人不记小人过，放人一马，也是放松自己，遗忘不快，积极去行动，你的人生总会洒满阳光。

故事穿越

潘石屹曾经把心里一直记恨的人列了一张清单。这其中伤害他最深的，是一位远房叔叔。潘石屹记了他34年。

这个亲戚家的孩子学习成绩特别不好，潘石屹的学习成绩特别好，总考100分。因为家庭成分的问题，他小学四年级才戴上红领巾。

加入少先队的仪式上，潘石屹特别高兴，激动得跟旁边的同学说话。开会时是不允许说话的，那个叔叔立马把潘石屹拎起来放到讲台上罚站。

调皮的同学往他身上吐唾沫，大家都在笑。潘石屹哭了，好几个老师说让他下来，那个叔叔却不让。他当时并不是潘石屹所在年级的。

潘石屹就这样在讲台上一直站着，下面在开会，他在迎风哭泣。这次深重的羞辱深深烙印在他的心里，难以磨灭。

有一次，很多年后，潘石屹给妈妈买了一辆轮椅。后来发现有更好的就又买了一辆。他有一天发现先前买的那辆不在了，妈妈说："送给你叔叔了，他的腿有点问题。"

潘石屹一下子勃然大怒，狂吼：“为什么送给他?!”家里人都吓坏了。

实际上，叔叔离开人世许多年了，但在潘石屹的脑子里他不时地跳出来折磨潘石屹。

死人折磨活人，这不就是闹鬼吗？而这鬼是潘石屹自己想出来的，他终于觉得不值，点火烧了清单。

随着纸的燃烧，他不再有任何仇人，没有了鬼，无所畏惧了。潘石屹走到长安街上，阳光明媚，每个人都笑容灿烂，他像是大病初愈，愉悦，放松。

故事微语

潘石屹就没有卢梭看得开，一个小小的事件让他怀恨了34年，以致形成了鬼，恐吓自己。他的心理阴影更为严重。

令人欣慰的是他终究还是解脱了，内心重新回复光明。

受到欺辱是谁都不愿面对的，但很难避免。从勇敢遗忘，重建心态下手会更容易见成效。心灵很神圣，但心绪的调节相比肉体伤害的恢复就简单多了。

放宽心怀，宽容大度，让自己快乐，成功会随后而至。

心灵箴言

最高贵的复仇之道是宽容。

——[法] 雨果

人心不是靠武力征服，而是靠爱和宽容征服。

——[俄] 斯宾诺莎

宽容并不是姑息错误和软弱，而是一种坚强和勇敢。

——周向朝

宽容就像天上的细雨滋润着大地。它赐福于宽容的人，也赐福于被宽容的人。

——[英] 莎士比亚

第五篇

释然焦虑，迎着阳光前行

哈佛医学院的教授们认为：心理不健康是导致身体不健康的主要因素。比如，有的人身体感到不舒服的时候，就老是怀疑自己生了病，整天陷入恐慌之中。其实，在很多时候，这些只是小病或者根本就没有病，只是源于内心的焦虑和恐惧。当然，心病还得心药医，不要猜疑自己的健康，保持健康的心理，心病自然就会消除了，让那些焦虑和恐惧在阳光下消失吧！

做自己命运的舵手

故事话题

1940 年 11 月 27 日，他出生在美国三藩市，英文名字叫布鲁斯•李。因为父亲是演员，他从小就有了跑龙套的机会，产生了当一名演员的梦想。

但他身体虚弱，父亲便让他拜师习武来强身。1961 年，他考入华盛顿州立大学主修哲学，后来，他结婚生子，但他的梦想从不曾被遗忘。

一天，他与朋友谈到梦想，随手在一张便笺上写了下来——我，布鲁斯•李，将会成为全美国最高薪酬的超级巨星。作为回报，我将奉献出最激动人心、最具震撼力的演出。

从 1970 年开始，我将会赢得世界性声誉，到 1980 年，我将会拥有 1000 万美元的财富，那时候我及家人将会过上愉快、和谐、幸福的生活。

当时他的生活正穷困潦倒，他却把这些话深深铭刻在心底。为实现梦想，他克服了无数次常人难以想象的困难。

他曾因脊背神经受伤，在床上躺了 4 个月，后来又奇迹般地站了起来。1971 年，命运女神终于向他露出了微笑。他主演的电影《唐山大兄》《精武门》《猛龙过江》，均刷新香港票房纪录。

1972 年，他主演了香港嘉禾公司与美国华纳公司合作的《龙争虎斗》，这部电影使他成为一名国际巨星——被誉为“功夫之王”。

1998 年，美国《时代》周刊将其评为“20 世纪英雄偶像”之一，他是唯一入选的华人。他就是李小龙——一个“最被欧洲人认识的亚洲人”，一个迄今为止在世界上享誉最高的华人明星。

故事解析

李小龙是主动掌握自己命运的能者。他超级自信，这令他在极度困顿的情况下还敢于公开陈铺自己的诸多愿望、梦想，胆识过人。

他对自己提出的梦想认真负责，不是随随便便吹牛皮的人。他设定的目标历经艰苦卓绝的奋斗完成了。

他更是积极肯干的典范，为了梦想的达成一刻不停地忙碌，早早实现了自己的很多梦想。可惜天妒英才，他过早地离世了，为我们留下永久的遗憾。

他短短的一生为我们提供的财富也是巨大的，他勇于扼住命运喉咙的精神，他实现梦想的勤奋勇敢，他的经典作品……

为自己的人生之舟设定理想，握紧方向轮掌控航向，向着心中的目标进发，自己掌舵命运，沉心静气，专注、坚定行进。

故事穿越

3岁那年，她的父母离婚了。家庭贫困，加上血统的原因，她家人备受歧视。母亲带着她过着四处漂泊的生活。即使是这样，她却从未掉过眼泪。

母亲曾是一名歌剧演唱家，小小年纪的她受母亲影响，4岁时，就迷恋上了音乐，常常跟在母亲身后学唱歌。

上学后她的成绩并不好，特别是数学很差。她并不以为然，认为自己就应该学音乐。

13 岁起，她开始了音乐创作，14 岁，她找到了几个录音棚，担任他们的后备试音歌手。高中毕业，她不顾家人的反对，带着稚嫩的梦想，到了纽约。

她只能在酒吧里做招待，与人合租狭小的房子，在客厅地板上铺一张床垫过夜；每周常常只能靠一包干酪通心粉艰难度日，在经济极为拮据的几个月，她甚至只能靠附近熟食店老板施舍的硬面包和冰水填饱肚子。

然而她没屈服，继续梦想的追求。在昏暗的灯光下，她不停地写歌，写到手发麻，累得趴在桌上睡着了。她热切地盼望着有一份合约，出一张唱片。然而她跑遍了纽约街头所有的唱片公司，都被拒绝在门外。

18 岁时，她终于在一家热门的俱乐部获得了登台表演的机会，她的完美的嗓音和创作才华渐渐为人注意，哥伦比亚唱片公司以 35 万美元的合约成功将她揽入旗下。

那一刻，她热泪盈眶。她就是后来名满国际的流行乐坛天后——玛丽亚·凯莉。

故事微语

天后玛丽亚·凯莉，小时候的多灾多难反而加强了她对自我的认知，强化了她独立自强的能力和勇气，她蹚涉出自己的人生道路，是自己命运强有力的主宰。

人生说简单也简单，就是无怨无悔地度过属于自己的日月。短短的人生所有人都不愿碌碌无为，然而能够坚持按照自己的意志畅快淋漓过完一生实属难得。

世事纷扰，想要单纯反而很难很难。能够卸掉所有包袱专心致力于自己梦想的奋斗的，都是勇于舍弃的英雄。

很多时候，我们步履蹒跚，心焦气躁，不是因为饥寒交迫，反而是出于负累太多。能够将货物抛弃阻止船沉的人是真正的勇士。

心灵箴言

我要扼住命运的咽喉，绝不让命运所压倒。

——[德] 贝多芬

对于凌驾命运之上的人来说，信心是命运的主宰。

——[美] 海伦·凯勒

一个人怎样把握自己的命运比他的命运是怎样更加重要。

——[德] 洪保德

当命运递给我一个酸的柠檬时，让我们设法把它制造成甜的柠檬汁。

——[法] 雨果

对于命运的变化无常，我们慨叹得太多了。发不了财的，升不了官的，都要埋怨命运不好。然而，仔细想想吧！过失还是在于你自己。

——[俄] 克雷洛夫

进取时，别忘了欣赏路边的风景

故事话题

美国的一位专栏作家威廉•科贝特曾在一篇文章中写道：我们的目光不可能一下子投向数十年之后，我们的手也不可能一下子就触摸到数十年后的那个目标，其间的距离，我们为什么不能用快乐的心态去完成呢？

年轻时，威廉•科贝特辞掉了报社的工作，一头扎进创作中去，可他心中的“鸿篇巨制”却一直写不出来，他感到十分痛苦和绝望。

一天，他在街上遇到了一位朋友，便不由地向他倾诉了自己的苦恼。朋友听后，对他说：“咱们走路去我家好吗？”

“走路去你家？至少也得走上几个小时。”

朋友见他退缩，便改口说：“咱们就到前面走走吧。”

一路上，朋友带他到射击游艺场观看射击，到动物园观看猴子。他们走走停停，不知不觉，竟走到了朋友的家里。

几个小时走下来，他们一点都没有感到累。在朋友家里，威廉•科贝特听到了让他终身难忘的一席话：

“今天走的路，你要记在心里，无论你与目标之间有多远，也要学会轻松地走路。只有这样，在走向目标的过程中，才不会感到烦闷，才不会被遥远的未来吓倒。”

就是这番话，改变了威廉•科贝特的创作态度。他不再把创作看作一件苦差，而是在轻松的创作过程中，尽情地享受创作的快乐。不知不觉间，他写出了《莫德》、《交际》等一系列名篇佳作，成为美国一位著名的专栏作家。

故事解析

大家都奔走在通向目标的路上，有的人轻松愉快，有的人愁苦不堪，同样的奋斗，却是全然不同的心境。

好的心境在于自己积极转换。生活中处处蕴含着美，关键是你要将注意力分布一些出来，投射到令自己赏心悦目的角落。

葱郁的大树，鸣叫的小鸟，哗哗的小河，看到自己心怡的景色，呼吸鲜净的空气，心旷神怡，赏心悦目。

积郁在胸中的浑浊气息被更新，种种压力紧张形成的负面情感也会逃遁得无影无踪，你的精神面貌焕然一新，疲惫的身心得到休养。

经过舒缓愉悦的调节，你才能再次积蓄精力奋起直追，永葆积极勇进的良好状态，或许原来的目标会变得容易，精心的调养会带你实现突破，发现自己更多的能量。

故事穿越

澳洲一家医院的一个病房里，1 号床是位六十多岁的中国老人。一波又一波的亲朋好友来看他，床头柜上鲜花、礼品堆成了小山，每天都到睡觉时间才会安静下来。

2 号床住着一位年近七十的澳大利亚人，每天独自一人蜷缩在病床上，无人探视，仿佛待在一个被世界遗忘的角落。

笼罩在亲情友情里的中国老人很同情病友，一个深夜，他悄悄把鲜花抱给老人。此后两人一下亲近起来。

相互熟悉之后，有一次澳洲老人打开了一个厚墩墩的相簿，教中国老人一起看。

随着照片的翻动，中国老人觉得自己简直漫游了全世界：金字塔、凡尔赛宫、比萨斜塔，有名的没名的，每一处都是那么美丽。

中国老人看呆了，他又看到很多美女的照片，忍不住询问：你……你是百万富翁？

澳洲老人开心地笑了，仿佛阳光照耀，还散发出青春的气息。

他干了一辈子汽车修理工，每到假期就出去旅游，没成家，是单身贵族。虽然曾经风光无限，现在却不免孤单。

但他并不遗憾，中国老人会有热闹体面的葬礼，却未享受过青春的欢愉，那才是令人遗憾的。

中国老人为孩子，乃至孩子的孩子奉献了全部，劳累了整整一生。如果不是发现得了病，他还在附近的建筑工地挥汗如雨。

中国老人扼腕叹息之余突然想到，自己在澳洲 20 年，还不知道悉尼歌剧院门朝哪里。

故事微语

多么震撼人心的故事！传统中国老人一心只专注于奋斗，错过了几多人间奇景。悔时已晚矣。

人的心灵需要张弛有度，这样才是合理健康的。一味地绷紧心弦，即使心脏不崩塌，它的韧性弹力也会削减，提早衰老。

中国老人就是如此，六十多就住院了，澳洲老人年近七十才住院，差距触目惊心。澳洲老人的生活模式其实还不是很健全，他未成家，错过了很多正常人需要的人之常情。

即便如此，差距也够悬殊。张弛有度的生活节奏非常重要。

每当你身心俱疲之时，就必须放手一段时间，让心境重新回复自然舒缓，投入新一轮的拼搏。

放手并不是彻底离开，可以是择轻避重，可以是换个环境，能够调适内心即可。这样放松进取两不误，且行且珍惜，尽情捕捉人生的美丽。

心灵箴言

适度的娱乐能放松人的情绪，陶冶人的情操。

——[古罗马] 塞内加

放松与娱乐，被认为是生活中不可缺少的要素。

——[古希腊] 亚里士多德

成功的法则应该是放松而不是紧张。放弃你的责任感，放松你的紧张感，把你的命运交付于更高的力量，真正对命运的结果处之泰然……

——[美] 马克斯威尔·马尔兹

人的思想是可塑的：一个人如果每天观赏一幅好画，阅读某部佳作中的一页，聆听一支妙曲，就会变成一个有文化修养的人——一个新人。

——[英] 罗斯金

走自己的路，别在乎他人的目光

故事话题

威廉·劳伦斯·布拉格是诺贝尔物理学奖获得者，英国著名的物理学家。

布拉格出生在英国一个贫困的家庭，父母认为知识很重要，省吃俭用供他到寄宿学校读书。

布拉格知道机会来之不易，学习非常努力。一些富家子弟常常攀比新衣服、新鞋子，他总是无动于衷，从不参与。

他的成绩很好，老师常表扬他，招致了那些富家子弟的妒忌，他们开始和布拉格作对。

布拉格总穿一双破旧的大皮鞋，样式古老，非常不合脚。大家就开始说这双皮鞋是偷来的。

流言蜚语传进了学监的耳朵，他准备开除这个品德败坏的学生。看到学监把布拉格叫去了，那些富家子弟在背后偷笑。

来到学监办公室，布拉格发现学监盯着自己的大皮鞋，脸色铁青，知道学监是听信了谣言。

问心无愧的布拉格昂首挺胸，迎着学监的目光走上去，递给学监一封信。学监疑惑地打开，慢慢地，他的面色变得祥和起来。

信上说：孩子，真抱歉，希望过一两年，我的那双破皮鞋，你穿在脚上就不会嫌大了。我抱着这样的希望：等你一旦有了成就，我将引以为荣，因为你是穿着我的破皮鞋奋斗成功的……

学监向布拉格道歉，并且在后来的日子里，在生活和学习上都给了他不少帮助。

布拉格也没有辜负父亲的希望，这个穿着大皮鞋奋斗的孩子，长大后因为非凡的科学成就，获得了诺贝尔奖。

故事解析

布拉格相对于那些家境优越的同学，真是早早地懂事了。贫穷的生活让他提前领悟了很多道理。

他不去与同学们在物质上攀比，因为他知道那说明不了什么，只有努力奋斗，积极付出才能够体现一个人的身价。

同学们与他作对，他也没有惊慌失措，仍然是忙碌自己的追求。他虽然年龄小，但他的胸怀很宽广，不被那些小人伎俩牵住鼻子，嘲笑捉弄。

面对学监的质疑，他拿出最有说服力的证据，以最简捷的方式澄清了自己，他不为困难动摇的劲头还感动了学监，向他提供援助。

明白自己要干什么，执着坚定地去做，自己主宰自己的一切，牢牢抓住自己的主人公权力。尽管身边会响起各种言论，人影穿梭不定，还是能够不为所动，不被迷惑。

茫茫人海中你只是你，有自己的道路，走下去吧。

故事穿越

英格玛·伯格曼是瑞典著名的电影、电视剧、戏剧三栖的导演，杰出的电影剧作家，现代电影“教父”，“作者电影”最典型、最卓越的代表，是世界现代电影史上最具影响力的导演之一。

1947 年，他执导的电影《开往印度的船》杀青后，出道不久的伯格曼自以为是，感觉良好，认定这必将是一部不可多得的杰作。

他甚至狂妄地说：“不准剪掉其中任何一尺胶片。”并且连试映都没举行，就匆忙地首映。结果让他后悔莫及，拷贝出了重大事故，首映彻底失败。

伯格曼借酒浇愁，醉得不省人事，第二天他在一幢公寓的台阶上醒来，风吹动着一份报纸瑟瑟发抖。

伯格曼拿起报纸，看着报纸上有关《开往印度的船》的影评，满是指责、攻击、嘲弄，他痛心疾首。

就在此时，他的朋友笑容可掬地出现了，意味深长地说了一句话：“明天照样会有报纸。”这是一种标准的西方式幽默，委婉，深邃。

此话给伯格曼深深的安慰。明天照样会有报纸，冷言讥语很快都会过去的，你应争取在明天的报纸上写下最新最美的内容。

伯格曼从失败中认清了自己。在下一部电影的制作中，他表现得十分勤勉，只要有空就去录音部门和冲印厂，学会了与录音、冲片、印片有关的一切，还学会了摄影机与镜头的知识。

一代电影大师就这样迈上了成功之路。

故事微语

电影大师的崛起也是斗争的胜利。不用明刀明枪，口腔舌战的激烈程度带给人心灵的震动是一样的。

每天都有新版的报纸，你阻挡不了它会说什么，那就由它去。去继续自己的脚步，你的所作所为会让他们适时地住口。

发表出版作品就要容许别人说三道四，那是受法律保护的言论权，自己的作品有人说其实是好事，表明你受到了关注，你的作品打动了他们，这样的说三道四何尝不是一种鼓舞。

为了别人因为关注你而发表的言论上心上火，冲击自己的心脏是很小器的表现，如果你不能纠正，就要放弃，去做更适合自己的事情。

心态端正的人不会受制于他人的言说，当然他应该仔细聆听，虚心学习，对照自己的实际，有则改之，无则加勉，以便更好地进行后面的行动。

对他人的言论要有正确的对待，适当取舍，服务于自己进一步的努力，就是明智的做法。

心灵箴言

不在乎别人是否赏识他的人，必然成功。

——[德] 金基尔

无论是美女的歌声，还是鬣狗的狂吠，无论是鳄鱼的眼泪，还是恶狼的嚎叫，都不会使我动摇。

——[英] 恰普曼

必须记住我们学习的时间是有限的。时间有限，不只由于人生短促，更由于人事纷繁。我们应该力求把我们所有的时间用去做最有益的事情。

——[美] 斯宾塞

野蛮人过着他自己的生活，而社会的人则终日惶惶，只知道生活在他人的意见之中，也可以说，他们对自己生存的意义的看法都是从别人的判断中得来的。

——[法] 卢梭

完美并不美，别对着缺憾叹息

故事话题

美国总统罗斯福有生理缺陷，他小时候是一个脆弱胆小的学生，在学校课堂里总显露出一种惊惧的表情，呼吸像喘大气。

回答问题立即会让他双腿发抖，嘴唇也颤动不已，含含糊糊，吞吞吐吐，结束后就颓然地坐下来。因为牙齿外突他的面孔也不美观。

然而，罗斯福虽然有不可消弭的缺陷，但却有着奋斗的精神——缺陷促使他更加努力奋斗。

他喘气的习惯变成了一种坚定的嘶声。他用坚强的意志，咬紧自己的牙床使嘴唇不颤动而克服他的惧怕。

他从来不欺骗自己，从不认为自己是勇敢、强壮或好看的。他用行动来证明自己可以克服先天的障碍而得到成功。

凡是他能克服的缺点他便克服，不能克服的他便加以利用。通过演讲，他学会了如何利用一种假声，掩饰他那无人不知的暴牙，以及他的打桩工人的姿态。

虽然他的演讲中并不具有任何惊人之处，但他不因自己的声音和姿态而遭失败。他没有洪亮的声音或是庄重的姿态，他也不像有些人那样具有惊人的辞令，然而在当时，他却是最有力量的演说家之一。

由于罗斯福没有在缺陷面前退缩和消沉，而是充分、全面地认识自己，在意识到自我缺陷的同时，能正确地评价自己，在顽强之中抗争，不因缺憾而气馁，甚至将它加以利用，变为资本，而登上名誉巅峰。

故事解析

罗斯福身有残疾，但他并没有沉溺于对残缺的悲痛中，他勇敢主动积极地迎接身体的挑战，使残缺之躯具有了比健康身体更宝贵的价值。

事在人为，没有什么不能改变，没有什么不可逆转，焦虑紧张压力都只是试验你意志的试金石，勇于接受它们的磨炼，接受不完美的现实，你的人生就达到了尽善尽美的境界。

抱残守缺不可取，自甘落后也行不通，面对残缺唯有自强、拼搏是出路，经过难耐的苦痛，一旦蜕变成蝶，得到的就是无边的自由空间，任你展翅飞翔。

每个人都达不到完美，只能够向完美无限趋近，对于人的心灵来说，把悔恨、遗憾等诸多烦恼抛到脑后，让阳光心态充盈心房，就是完好的状态了。

完好的心态感召你锐意进取，快乐和成功都会属于你。

故事穿越

凯丝·达莉从小就喜欢唱歌，梦想有一天能真正登上舞台，做一名优秀的歌唱演员。但是她的牙齿长得很不好看，是一口大暴牙，为此，她非常自卑。

一次，她终于赢得了一个登台的机会——在朋友的推荐下，新泽西州的一家夜总会邀请她去演出。

她又是高兴，又是紧张。结果登台开始演出后，她的忧虑止不住地冒了出来，她开始担心别人看到她的牙齿，于是她拼命地把上唇拉下来盖住丑陋的下唇，结果洋相百出。

演出结束之后，她伤心地哭了。正当她哭得难过的时候，台下的一位老人对她说：孩子，你很有天分，坦率地讲，我一直在注意你的表演，我知道你想掩饰什么，你想掩饰的是你的牙齿。

难道长了这样的牙齿一定就是丑陋不堪吗？听着，孩子，观众欣赏的是你的歌声，而不是你的牙齿，他们需要的是真实。

张开你的嘴巴，孩子，用你的歌声去征服观众，除了你，没人会在乎你的牙齿。再说了，孩子，说不定那些你想遮掩起来的牙齿，还会给你带来好运呢。

听到这样推心置腹的话语，凯丝·达莉感觉很温暖，她接受了老人的忠告，不再去注意自己的牙齿。

从那时候起，她一心只想着自己的观众，她张大嘴巴，热情而高兴地唱着。最后，她成了电影界和广播界的一流明星。后来，甚至许多喜剧演员还希望学她的样子。

故事微语

对于一个歌唱家来说，容貌的重要性是多少，就像鱼和熊掌无法兼得，拥有了一种出众的天分，足够你终生享用，就应该知足了。

要求得越高、越全面，超过实际需求，通常不是容易达到的，即使达到了，如果没有知足的心态，不知道珍惜、感恩，就会如同神话《渔夫和金鱼》里的渔夫老婆一样，又回到穷破的起点。

能够抓住自己的一个闪光点发扬光大，乃至取得成功，就是完好的人生了。苛求尽善尽美只会置自己于无边的痛苦深渊。

能够有所长，衣食无忧，就应该感谢造物主了。有残缺的生活才真实，平常心看待不完美就是人格上的完美了。

心灵箴言

在最洁白的布上，污点最显而易见。

——英国谚语

我能坚持我的不完美，它是我生命的本质。

——[法] 法朗士

一个人的完美之处，在于找出自身的缺点。

——意大利谚语

保留某种不完善会使事物显得有趣，并使人感觉到还有一点发展的空间。

——[日] 吉田兼好

我没有路，所以不需要眼睛；当我能够看见的时候，我也会失足颠扑，我们往往因为有所自恃而失之于大意，反不如缺陷却能对我们有益。

——[英] 莎士比亚

让心灵到达你想去的地方

故事话题

1899年爱因斯坦在瑞士苏黎世联邦工业大学就读时，他的导师是数学家闵可夫斯基。爱因斯坦肯动脑、爱思考，深得闵可夫斯基的赏识。

一次，爱因斯坦突发奇想，问闵可夫斯基："一个人，比如我吧，究竟怎样才能在科学领域、在人生道路上，留下自己的闪光足迹，做出自己的杰出贡献呢？"

一向才思敏捷的闵可夫斯基却被问住了，直到三天后，他才兴冲冲地找到爱因斯坦，非常兴奋地说："你那天提的问题，我终于有了答案！"

"什么答案？快告诉我！"

闵可夫斯基拉起爱因斯坦就朝一处建筑工地走去，而且径直踏上了建筑工人刚刚铺平的水泥地面。

在建筑工人们的呵斥声中，爱因斯坦被弄得一头雾水，非常不解地问闵可夫斯基："老师，您这不是领我误入歧途吗？"

"对、对，歧途！"闵可夫斯基顾不得别人的指责，非常专注地说，"看到了吧？只有这样的'歧途'，才能留下足迹！"

只有新的领域、只有尚未凝固的地方，才能留下深深的脚印。那些凝固很久的老地面，那些被无数人、无数脚步涉足的地方，别想再踩出脚印来……

爱因斯坦沉思良久，非常感激地对闵可夫斯基说："恩师，我明白您的意思了！"

从此，一种非常强烈的创新和开拓意识，开始主导着爱因斯坦的思维和行动。他形成了自己的认知：我从来不记忆和思考词典、手册里的东西，我的脑袋只用来记忆和思考那些还没载入书本的东西。

安全

故事解析

正因为有良师帮他确立了正确的人生信条——只有新的领域、只有尚未凝固的地方，才能留下深深的脚印，爱因斯坦才能那么坚定地执着于创新，开创出极富远见的理论。

创新就是敢想敢做，让心灵自由翱翔，宇宙星河，远古未来，无处不能及，个人才能肆意发挥，为人类的认知贡献自己的能量。

生活中，大自然内，这个浩瀚宇宙，还有无数人类未涉足的领地，无数未干的水泥地面，你有信心充当首位踏足者吗？

超脱出现实的困窘，寻求一种仅仅需要必要物质的简洁生活，腾出更多的精力去应对更有意义的问题，这样的人生才是价值最高的。

超过必要的欲望就要斩除，不给自己增加过度的负担，人生的道路上你就能处于前面，你的成果就会大于其他大多数人。

故事穿越

他天生没有四肢，但是，冲浪、玩电脑、著书、演说……无所不能。他应该是一个被同情、被照顾的人，但他却反其道而行之，成为其他人的楷模。

小时候，他受尽欺凌，直到有一次，他用头部狠狠地回击，把对方撞得头破血流，从此，那些淘气的孩子都毕恭毕敬。

少年时，他曾多次试图自杀，但没有成功。母亲给他讲残疾人自强不息、自学成才的故事，让他看到希望。

父亲把他放入游泳池，他开始在水上学漂浮，后来竟学会了游泳；他总是连跑带跳地爬楼梯，喜欢潜水、冲浪。

在夏威夷冲浪时，他可以在冲浪板上完成360度旋转，他因此登上了《冲浪》杂志的封面。

他以帮助他人为己任。他开始广交朋友。上中学时，他参加学校竞选当上学生会主席。这一年，他开始演讲。

通过努力，他考上了大学，并获得会计与财务规划双学士学位。毕业后，他成为一家高科技公司的总裁。

2008年始，他任国际公益组织“没有四肢的生命”总裁及首席执行官。2009年，他出版励志DVD《神采飞扬》，2010年，他出版自传式励志书籍。

他的励志故事感动了无数人，他就是澳大利亚的尼克·胡哲。他的座右铭是：态度决定高度。

他的“足迹”遍布全世界，在20多个国家演讲，奋斗事迹鼓舞了千百万人，赢得了全世界的尊重。

故事微语

尼克·胡哲证明，只要不失进取的心，越是非常的痛苦越能够激励个人能量的超常发挥。

即使没有手和脚，他想要去的地方也没有错过一处，虽然是肉体到达不了的，他特别豁达的胸怀也早已帮他实现了旅行。

强大的内心至关重要，它能够化灾难为动力，将你与苦痛、焦虑、烦躁不安等负面情愫远远地拉开，在你的心中升起一个不落的太阳，驱使你去拥抱自己都不敢设想的成就。

从各种压力、烦恼中抬起头，从各种困难、障碍上解脱开，先去让自己轻松快乐起来，这是首要的，也是简单易行的，然后再投入全新的奋斗，你的种种愿望会一一实现，你会充分感受到生活的乐趣。

心灵箴言

人之可贵在于能创造性地思维。

——华罗庚

路漫漫其修远兮，吾将上下而求索。

——屈原

明天的希望，让我们忘了今天的痛苦。

——李嘉诚

想象力比知识更重要，因为知识是有限的，而想象力概括着世界的一切，推动着进步，并且是知识进化的源泉。

——[美] 爱因斯坦

心灵榜样微史话

桑德斯上校

是肯德基（KFC）的创始人，发明了著名的“肯德基炸鸡”，开创了“肯德基快餐连锁”业务。肯德基是世界最大的炸鸡快餐连锁企业，在世界各地拥有超过 15000 家的餐厅，以山德士形象设计的肯德基标志，已成为世界上最出色、最易识别的品牌之一。

和田一夫

1929 年 3 月 2 日出生于日本静冈县热海市一个以经营蔬菜为生的家庭。和田一夫从日本大学毕业后，即继承八佰伴公司，在半个世纪中，将一家乡下蔬菜店，建设成为在世界各地拥有 400 家百货店和超市，员工总数达 28000 人，鼎盛期年销售总额突破 5000 亿日元的国际流通集团，旗下多家公司的股票在日本、新加坡、香港、马来西亚上市。

丘吉尔

温斯顿·伦纳德·斯宾塞·丘吉尔（1874 年 11 月 30 日—1965 年 1 月 24 日），英国历史学家、政治家、画家、演说家、作家、记者，《不需要的战争》获 1953 年诺贝尔文学奖，著有《第二次世界大战回忆录》6 卷、《英语民族史》4 卷等。历史上掌握英语单词词汇量最多的人之一（十二万多），被美国杂志《展示》列为近百年来世界最有说服力的八大演说家之一，曾荣获诺贝尔和平奖提名。1940-1945 年、1951-1955 年期间曾两度任英国首相，被认为是 20 世纪最重要的政治领袖之一，带领英国获得第二次世界大战的胜利。1929 年至 1965 年临终，连续 36 年担任英国布里斯托大学校长。2002 年，BBC 举行了一个名为“最伟大的100名英国人”的调查，结果丘吉尔获选为有史以来最伟大的英国人。

罗斯福

富兰克林·德拉诺·罗斯福。美国第31任、第32任总统，美国历史上唯一蝉联四届的总统，美国迄今为止在任时间最长的总统。美国历史上最伟大的三位总统之一，同华盛顿、林肯齐名。

在20世纪30年代经济大萧条期间，罗斯福推行新政以提供失业救济与复苏经济，并成立如公共事业振兴署（WPA）、国家复兴管理局（NRA）和农业调整管理局（AAA）等机构来改革经济和银行体系。虽然直到第二次世界大战爆发为止，美国的经济仍未能完全复苏，但是他所发起的一些计划，如联邦存款保险公司（FDIC）、田纳西河谷管理局（TVA）以及证券交易委员会（SEC）等，仍继续在国家的商贸中扮演重要角色。除此之外，在其任内设立的一些制度，包括社会安全系统和全国劳资关系委员会（NLRB）等等，仍然保留至今。

罗斯福曾促成了政党重组，大胆地利用联邦政府导致新政联盟的建立，政治学家称之为“第五政党制度”。该联盟主导了民主党近半个世纪，直到20世纪60年代末。罗斯福推出的新税种，影响到所有的收入群体。虽受保守主义人士的强烈反击，但罗斯福仍常占优势，直到他在1937年试图打发走最高法院。他与其妻埃莉诺·罗斯福至今仍是美国现代自由主义的典范。罗斯福政府重新定义了自由主义，并根据他的新政联盟重组了民主党。

美国在线曾于2005年举办票选活动——《最伟大的美国人》，富兰克林·德拉诺·罗斯福被选为美国最伟大的人物中的第十位。

爱因斯坦

阿尔伯特·爱因斯坦（1879年3月14日—1955年4月18日），德国物理学家。相对论的奠基者，20世纪最重要的物理学家之一。他于1879年出生于德国乌尔姆市的一个犹太人家庭（父母均为犹太人），1900年毕业于苏黎世联邦理工学院，入瑞士国籍。1905年获苏黎世大学哲学博士学位，曾在伯尔尼专利局任职，在苏黎世联邦理工学院担任大学教授。1913年返德国，任柏林威廉皇帝物理研究所所长和柏林洪堡大学教授，并当选为普鲁士皇家科学院院士。1933 年爱因斯坦在英国期间，被格拉斯哥大学授予荣誉法学博士学位。因为受到纳粹政权的迫害，脱离德国到美国，担任普林斯顿高等研究所教授，从事理论物理研究工作，1940 年写了一篇著名论文“我不信仰一个人格化的神”，1955 年 4 月 18 日，病逝于普林斯顿。他的智商高达 160。

闵可夫斯基

狭义相对论中由一个时间维和三个空间维组成的时空，为俄裔德国数学家闵可夫斯基（1864—1909）最先表述。他的平坦空间（即假设没有重力，曲率为零的空间）的概念以及表示为特殊距离量的几何学是与狭义相对论的要求相一致的。闵可夫斯基空间不同于牛顿力学的平坦空间。

尼克·胡哲

尼克·武伊契奇，香港译名为力克·胡哲，1982 年 12 月 4 日生于澳大利亚墨尔本，塞尔维亚裔澳大利亚籍基督教布道家，“没有四肢的生命”（Life Without Limbs）组织创办人、著名残疾人励志演讲家。他天生没有四肢，但勇于面对身体残障，创造了生命的奇迹。

晏殊

字同叔，著名词人、诗人、散文家，汉族，北宋抚州府临川城人(今属江西进贤县文港镇沙河人)，是抚州籍第一个宰相。晏殊与其第七子晏几道，在当时北宋词坛上，被称为“大晏”和“小晏”。十四岁以神童入试，赐同进士出身，命为秘书省正字，迁太常寺奉礼郎、光禄寺丞、尚书户部员外郎、太子舍人、翰林学士、左庶子，仁宗即位迁右谏议大夫兼侍读学士加给事中，进礼部侍郎，拜枢密使、参知政事加尚书左丞，庆历中拜集贤殿学士、同平章事兼枢密使、礼部刑部尚书、观文殿大学士知永兴军、兵部尚书，封临淄公，谥号元献，世称晏元献。晏殊历任要职，更兼提拔后进，如范仲淹、韩琦、欧阳修等，皆出其门。

晏殊以词著于文坛，尤擅小令，有《珠玉词》一百三十余首，风格含蓄婉丽，多表现诗酒生活和悠闲情致，颇受南唐冯延巳的影响，与欧阳修并称“晏欧”。其代表作为《浣溪沙》《蝶恋花》《踏莎行》《破阵子》《鹊踏枝》等，其中《浣溪沙》中“无可奈何花落去，似曾相识燕归来”为千古传诵的名句，被称为“天然奇偶”。他亦工诗善文，原有诗文二百四十卷，原有集，已散佚，仅存《珠玉词》及清人胡亦堂所辑《晏元献遗文》。又编有类书《类要》，今存残本。

茅盾

（1896 年 7 月 4 日—1981 年 3 月 27 日），原名沈德鸿，字雁冰。浙江嘉兴桐乡人。中国现代著名作家、文学评论家、文化活动家以及社会活动家，五四新文化运动先驱者之一，我国革命文艺奠基人之一。

茅盾 1896 年 7 月 4 日生于浙江桐乡县乌镇。这是个太湖南部的鱼米之乡，是近代以来中国农业最为发达之区，它毗邻着现代化的上海，又是人文荟萃的地方，这里成就了茅盾勇于面向世界的开放的文化心态以及精致入微的笔触。到了“文化大革命”后期，亦即时局稍稍平稳时，他便秘密写作《霜叶红似二月花》的“续稿”和回忆录《我走过的道路》。茅盾于 1981 年 3 月 27 日辞世。

茅盾的启蒙教育开始较早。小学前便读过家塾、私塾。8 岁入乌镇立志小学读书，后转入植材高级小学，成为该校第一班学生。在这里，他不仅读到了国文、修身和算术教科书，并且对绘画发生了兴趣。那时，在一般守旧人的眼光里，小说之类被称为诲淫诲盗的“闲书”，是不准孩子们看的，但茅盾竟得到明达的父母的允许。《西游记》《三国演义》《水浒传》《聊斋志异》和《儒林外史》等，都是他平时爱读的书。

马云

1964 年 10 月 15 日出生于浙江省杭州市，中国著名企业家，阿里巴巴集团、淘宝网、支付宝创始人。2013 年 5 月 10 日，马云卸任阿里巴巴集团 CEO，但兼任阿里巴巴集团董事局主席、中国雅虎董事局主席、杭州师范大学阿里巴巴商学院院长、华谊兄弟传媒集团董事、菜鸟网络董事长等职务，是中国 IT 企业的代表性人物。

心灵修养用语微解

欣赏： 即享受美好的事物，领略其中的趣味；认为好，喜欢，表示称赞。

释然： 就是当我们的疑虑、嫌隙等消失后心中平静的样子，愉快的样子显现的意蕴。不仅在我们日常言语中常出现，在古代文言诗句中出现的比例也较高，常被利用表达其感受。

意志： 是人自觉地确定目的，并根据目的调节支配自身的行动，克服困难，实现预定目标的心理过程。它是人的意识能动性的集中表现，是人类特有的心理现象。它在人主动地变革现实的行动中表现出来，对行为（包括外部动作和内部心理状态）有发动、坚持和制止、改变等方面的控制调节作用。

焦虑： 是指一种缺乏明显客观原因的内心不安或无根据的恐惧，是人们遇到某些事情如挑战、困难或危险时出现的一种正常的情绪反应。焦虑通常情况下与精神打击以及即将来临的、可能造成的威胁或危险相联系，主观表现出感到紧张、不愉快，甚至痛苦以至于难以自制，严重时会伴有植物性神经系统功能的变化或失调。

淡定： 指有泰山崩于前而面不改色的镇定程度，遇事沉稳中又积极果断，老练里却又重视有佳，胜不骄，败不馁； 淡定形容一种勇气。淡定，是一种思想境界，是一种心态，是生活的一种状态。我们每个人都需要这种心态，活在当下在生活中才会处之泰然，宠辱不惊，不会太过兴奋而忘乎所以，也不会太过悲伤而痛不欲生。

赏识： 赏，欣赏。因认识一件事物的价值而赞赏。即看中人的才能或了解作品的价值而予以赞赏。赏识不是单项的施舍，是智慧与智慧的主动碰撞；赏识不是别有用心的廉价恭维，是对一种相对价值的公正认同；赏识不是谀词满口的鄙俗奉承，是对事物固有魅力的真诚认可；赏识不是不懂装懂的敷衍了事，是惺惺相识的感情共鸣；赏识不是虚情假意的阿谀奉承，是发自内心的真心赞赏。

心灵：而非灵魂或精神，一个器官，是将动物在生物学的层面上与植物区分开来的分界线。心灵是一个生命场，它是以“场”这样的一种形式与我们的其他器官发生相互作用的；同时，心灵也是一个能量场，它的能量是通过人体对食物的消化吸收后转化而来的，并且，这部分能量只会在履行其自身的功能以及在其成长发育的过程中被消耗掉；心灵更是一个情感场，由它通过各方面的情感表现出来，心灵不是捉摸不透的。

命运：指生命的经历。命指生命，运即经验历程。命运不可以改写也可以改写，因为人不可窥探预知命运，命运是时刻变化的，命运存在于任何的角落，只是无法接触。命运像一条不断延伸的线，起点是注定要走的一条线，这条线连接着无数条分支线，当你以某种态度选择了其中一条线时，这段命运是注定的，当你再次面对好几条线时，命运随之改变。但民间有人认为命运早由天(或神)注定，可以用术数、天象、占卜、学佛等方式来改变命运。围绕这些信仰，风水、术数、巫术的行业形成，以不同方式使人相信命运可以改变。

心态：前苏联心理学家 Н. Д. 列维托夫认为人的心理活动可以分为心理过程、心理状态与个性心理特征三种形态。心理过程是不断变化着的、暂时性的，个性心理特征是稳固的，而心理状态则是介于二者之间的，既有暂时性，又有稳固性，是心理过程与个性心理特征统一的表现。心理过程都是在一定的心理状态的背景中进行，都表现为一定的心理状态。如注意的分心与集中；思维的明确性、迅速性和“灵感”状态；情绪的激动与沉着；意志方面的果断与犹豫等。心理状态是个别心理过程的结合、统一，是某种综合的心理现象，所以它往往又成为某种个性特征的表现，反映出一个人的个性面貌，因而心理状态的特征又往往成为一个人的个性心理特征的表现。因此，一个人在特定时刻的心理状态，是当前事物引起的心理过程、过去形成的个性特征和以前的心理状态相结合的产物。

自我调节：是个体认知发展从不平衡到平衡状态的一种动力机制。自我调节有广义和狭义之分。广义的自我调节，指人们给自己制定行为标准，用自己能够控制的奖赏或惩罚来加强、维护或改变自己行为的过程。狭义的自我调节，实际上指自我强化，即当人们达到了自己制定的标准时，用自己能够控制的奖赏来加强和维持自己的行为的过程。